DEUTSCHE
DEMOKRATISCHE
REPUBLIK
DEUTSCHE AKADEMIE
DER
LANDWIRTSCHAFTS-
WISSENSCHAFTEN
ZU BERLIN

SITZUNGSBERICHTE

1968 · Band XVII · Heft 1

ERNST EHWALD

Entwicklung und internationale Bedeutung der sowjetischen Bodenkunde

AKADEMIE-VERLAG · BERLIN · 1969

DEUTSCHE
DEMOKRATISCHE
REPUBLIK
DEUTSCHE AKADEMIE
DER
LANDWIRTSCHAFTS-
WISSENSCHAFTEN
ZU BERLIN

SITZUNGSBERICHTE

1968 · Band XVII · Heft 1

ERNST EHWALD

Entwicklung und internationale Bedeutung der sowjetischen Bodenkunde

AKADEMIE-VERLAG · BERLIN · 1969

Gehalten in der Festsitzung des Plenums der Deutschen Akademie der Landwirtschaftswissenschaften zu Berlin
anläßlich des 50. Jahrestages der Großen Sozialistischen Oktoberrevolution
am 18. Oktober 1967
(überarbeitete Fassung)

Herausgeber: Deutsche Demokratische Republik
Deutsche Akademie der Landwirtschaftswissenschaften zu Berlin
Erschienen im Akademie-Verlag GmbH, 108 Berlin, Leipziger Straße 3–4

Lizenznummer: 202 · 100/575/69
Herstellung: IV/2/14 VEB Werkdruck, 445 Gräfenhainichen · 3208
Bestellnummer: 2141/17/1 · ES 22 D
3,60

Gemeinsam mit den Völkern der Sowjetunion feiern in diesen Tagen die Werktätigen der sozialistischen Länder, die internationale Arbeiterklasse – alle Menschen, die für Frieden und den sozialen Fortschritt eintreten, die 50. Wiederkehr des Beginns der Großen Sozialistischen Oktoberrevolution.

Die heutige Festsitzung unserer Akademie ist diesem größten Ereignis unseres Jahrhunderts gewidmet, zu dem wir unsere sowjetischen Kollegen herzlich beglückwünschen. Dabei habe ich die ehrenvolle Aufgabe, Entwicklung und internationale Bedeutung der sowjetischen Bodenkunde zu würdigen. Ich möchte an ihrem Beispiel zeigen, welch großen Aufschwung die Agrarwissenschaft seit dem Bestehen der Sowjetmacht genommen hat, und darüber hinaus versuchen, einige für die Entwicklung der sowjetischen Bodenkunde wesentliche und zugleich international oder für unsere Verhältnisse bedeutsame Probleme herauszuarbeiten.

Mit der Errichtung der Sowjetmacht entstand im Jahre 1917 ein Staat, der erstmalig in der Geschichte nicht den Interessen einer Ausbeuterklasse, sondern den Bedürfnissen und Wünschen der gesamten werktätigen Bevölkerung dient, der sich die Entfaltung aller schöpferischen Fähigkeiten des gesamten Volkes zum Ziele setzt.

In den vergangenen fünf Jahrzehnten wurde in der Sowjetunion die gewaltige revolutionierende Kraft des Marxismus-Leninismus durch die Tat erwiesen. Alle Widerstände überwindend entfaltete sich die sozialistische Gesellschaftsordnung, wuchsen die Produktivkräfte ungehindert von Klassenwidersprüchen mit erstaunlicher Schnelligkeit. Dafür zeugt nicht zuletzt die Entwicklung der sowjetischen Landwirtschaft.

Entwicklung der sowjetischen Landwirtschaft

Für die Entwicklung der Landwirtschaft in der Sowjetunion war das „Dekret über den Grund und Boden“, das am 26. Oktober 1917 vom Zweiten Gesamtrussischen Sowjetkongreß angenommen wurde, die entscheidende Grundlage. 165 Millionen Hektar Land der Großgrundbesitzer, Klöster und Kirchen wurden den Bauern zur Nutzung übergeben. Das war aber nur der erste Schritt der revolutionären Umgestaltung der Agrarverhältnisse, die weitaus schwierigere Aufgabe war der Übergang von der primitiven einzelbäuerlichen Wirtschaft zur sozialistischen Großproduktion.

Am 1. Jahrestag der Revolution, am 6. November 1918, sagte LENIN auf dem Gesamtrussischen Außerordentlichen Sowjetkongreß: „Erst jetzt wird der sozialistische Aufbau im Dorf beginnen. Erst jetzt bilden sich die Sowjets und die Wirtschaften, die systematisch eine gemeinsame Bodenbestellung im großen, eine Anwendung der wissenschaftlichen und technischen Erkenntnisse anstreben, da sie wissen, daß es auf der Basis der alten, reaktionären, finsteren Ära nicht einmal eine elementare primitive menschliche Kultur geben kann“ (LENIN, 1918/1959, S. 136).

Entsprechend dem LENINschen Genossenschaftsplan wurden zunächst landwirtschaftliche Artels und Kommunen gebildet. Nach dem XV. Parteitag der KPdSU im Jahre 1927 wurde dann mit der umfassenden Kollektivierung begonnen, deren Durchführung gewaltige Anstrengungen erforderte. Das Bündnis der Arbeiterklasse mit den werktätigen Bauern kam vor allem in der Bildung der Maschinen-Traktoren-Stationen zum Ausdruck, deren Zahl von 158 im Jahre 1930 auf über 7000 im Jahre 1940 anstieg. Damit war eine wesentliche materielle Grundlage für die Großproduktion geschaffen. Sie konnte jedoch nur dadurch wirksam werden, daß die sowjetische Partei- und Staatsführung der ideologischen Überzeugung aller in der Landwirtschaft tätigen Menschen und ihrer politischen und fachlichen Qualifizierung größte Aufmerksamkeit widmete und gleichzeitig die Agrarwissenschaft entscheidend förderte. Im Jahre 1940 war die sozialistische Umgestaltung der sowjetischen Landwirtschaft abgeschlossen, der LENINsche Genossenschaftsplan zum Siege geführt. Die Bruttoproduktion war von etwa 20 Milliarden Rubel im Jahre 1917 auf 30,4 Milliarden gesteigert worden.

Im Sommer 1941 wurde diese friedliche Aufbauarbeit durch den Überfall Hitlerdeutschlands unterbrochen und um Jahre zurückgeworfen. Nach der siegreichen Beendigung des Krieges mußten gewaltige Anstrengungen unternommen werden, um die Schäden in der sowjetischen Landwirtschaft zu überwinden und den erfolgreichen Entwicklungsprozeß fortzusetzen.

Die umfassenden Maßnahmen der Kommunistischen Partei der Sowjetunion und der Sowjetregierung zur Intensivierung der Landwirtschaft haben inzwischen zu einem außerordentlichen Aufschwung der sowjetischen Landwirtschaft geführt. Die Bruttoproduktion, die 1945 auf 18,6 Milliarden Rubel, d. h. etwa auf den Stand von 1917 zurückgegangen war, wuchs in dem kurzen Zeitraum von 21 Jahren auf 61,5 Milliarden, d. h. auf das 3,3fache (FILINA u. a., 1967).

An dieser hier nur in den gröbsten Zügen aufgezeigten Entwicklung der sowjetischen Landwirtschaft hat die sowjetische Agrarwissenschaft bedeutenden Anteil. Auch ihre Lage, wie die Lage der Wissenschaft überhaupt, hatte sich mit der Großen Sozialistischen Oktoberrevolution entscheidend verändert.

Entwicklung der sowjetischen Agrarwissenschaft

Bereits in den ersten schweren Jahren des Bürgerkrieges wurde LENIN nicht müde, auf die Bedeutung der modernen Wissenschaft und Technik für den Aufbau des Sozialismus hinzuweisen. Die Kommunistische Partei und der Sowjetstaat widmeten deshalb der Entwicklung der Wissenschaft von Anfang an größte Aufmerksamkeit und übertrugen ihr immer größere Aufgaben. Mit Recht konnte im Rechenschaftsbericht des Zentralkomitees der KPdSU auf dem XX. Parteitag festgestellt werden, daß „keine Gesellschaftsordnung so interessiert an der Entwicklung der Wissenschaft" sei und „solche Voraussetzungen für die Entfaltung" schaffe, „wie die sozialistische Sowjetordnung" (CHRUSCHTSCHOW, 1956, S. 110). Arbeiteten doch im Jahre 1966 an 4650 Forschungsinstituten und Hochschullehrstühlen der UdSSR über 660000 wissenschaftliche Mitarbeiter, das ist ein Viertel aller Wissenschaftler der Welt (BRESHNEW, 1966, S. 76).

Die Entwicklung der Wissenschaft zur unmittelbaren Produktivkraft, die ein allgemeines Merkmal der wissenschaftlich-technischen Revolution in der ganzen Welt ist, vollzog sich in der Sowjetunion besonders rasch, weil die Kommunistische Partei und die Sowjetregierung gleichzeitig mit der materiellen Förderung der Forschung und der Heranbildung einer immer wachsenden Zahl von Nachwuchskräften die Wissenschaft ständig auf große gesellschaftliche Aufgaben orientierten und gleichzeitig das Bildungsniveau der gesamten Bevölkerung mit größter Energie und Zielstrebigkeit hoben.

Es kann heute nicht meine Aufgabe sein, Entwicklung und Ergebnisse der Sowjetwissenschaft insgesamt zu schildern, ich möchte Ihnen jedoch wenigstens einige Tatsachen über den Aufbau der Landwirtschaftswissenschaften in der Sowjetunion in Erinnerung bringen.

LENIN hatte von Anfang an betont, daß auch in der Landwirtschaft der sozialistische Neuaufbau die Anwendung wissenschaftlicher Erkenntnisse und des darauf fußenden technischen Fortschrittes erfordere.

Am 13. März 1919 sagte er auf dem 1. Kongreß der Landarbeiter des Petrograder Gouvernements: „Wir werden ... nicht zu der alten isolierten Einzelwirtschaft zurückkehren – eine solche Wirtschaft verurteilt die Menschen zu Unwissenheit, zu Armut, zu Zersplitterung –, sondern werden zu einer gemeinsamen, genossenschaftlichen Großwirtschaft voranschreiten. Alles, was die menschliche Wissenschaft, die menschliche Technik errungen hat, alle Vervollkommnungen, alles Wissen der Spezialisten – alles muß dann den vereinigten Arbeitern dienen" (LENIN, 1919/1961, S. 24/25).

So sahen sich die Agrarwissenschaftler des ehemaligen zaristischen Rußlands vor ungeheure Aufgaben im Dienst ihnen z. T. noch fremder, sie aber immer tiefer ergreifender Ziele, im Dienste des Aufbaus einer neuen sozialistischen Landwirtschaft gestellt. Sie haben dabei, wie wir alle wissen, Gewaltiges geleistet, gemeinsam mit neuen, aus den werktätigen Massen kommenden Wissenschaftlergenerationen, deren Heranbildung die Kommunistische Partei und der Sowjetstaat größte Aufmerksamkeit widmeten, und getragen von immer großzügiger gewährter materieller Unterstützung; vor allem aber auch gestützt auf die bewußte Mitarbeit der werktätigen Bauern.

Gestatten Sie mir zunächst durch einige wenige Zahlen den Aufbau wissenschaftlicher Einrichtungen auf dem Gesamtgebiet der Landwirtschaftswissenschaften seit der Oktoberrevolution ganz kurz zu kennzeichnen:

Im zaristischen Rußland gab es keinerlei landwirtschaftliche Forschungsinstitute und nur 10 landwirtschaftliche Hochschulen. Auf 44 Versuchsstationen arbeiteten 1913 insgesamt nur 440 Mitarbeiter. 1964 gab es dagegen in der Sowjetunion 176 landwirtschaftswissenschaftliche Forschungsinstitute sowie 174 komplexe oder spezialisierte Versuchsstationen, in denen über 21000 wissenschaftliche Mitarbeiter tätig waren (LOBANOV, 1958, S. 38; VOLOVČENKO, 1964). Seit 1929 besteht als zentrale landwirtschaftliche Forschungseinrichtung die Allunions-Lenin-Akademie der Landwirtschaftswissenschaften (vgl. BREŽNEV, 1957; SINJAGIN, 1967).

Entwicklung der bodenkundlichen Forschungseinrichtungen in der Sowjetunion

Diese großzügige Förderung der Landwirtschaftswissenschaften kam nicht zuletzt der Bodenkunde zugute. Während vor der Oktoberrevolution lediglich 3 bodenkundliche Lehrstühle an den land- und forstwirtschaftlichen Hochschulen in Novo Aleksandrija, Petersburg und Moskau[1]), aber keine Bodenkunde-Lehrstühle an Universitäten bestanden, wurden bereits im Laufe der zwanziger Jahre an den Universitäten in Petrograd, Moskau, Kazan und Taškent sowie an einer Reihe landwirtschaftlicher Hochschulen Lehrstühle für Bodenkunde begründet (TJURIN, 1957). Besonders eindrucksvoll ist das Beispiel der Moskauer Universität (vgl. REMEZOV, 1955; KAČINSKIJ, 1957a). Aus dem dort bestehenden Lehrstuhl für Agrochemie wurde 1922 ein Lehrstuhl für Bodenkunde ausgegliedert und 1924 ein bodenkundliches Forschungsinstitut begründet, das lange Zeit eines der wichtigsten bodenkundlichen Forschungszentren der Sowjetunion bildete. Später entstanden Laboratorien und selbständige Lehrstühle für verschiedene Teilgebiete der Bodenkunde, z. B. für Bodengeographie, für Bodenphysik und Bodenmelioration, für Bodenchemie und für Bodenbiologie. 1949 wurde eine biologisch-bodenkundliche Fakultät mit einer aus 5 Lehrstühlen bestehenden bodenkundlichen Abteilung geschaffen. Diese Abteilung bildete in den Jahren 1956 bis 1965 521 Bodenkundler aus (LIVEROVSKIJ und

[1]) Außer diesen 3 Lehrstühlen waren kurz vor dem 1. Weltkrieg noch bodenkundliche Lehrstühle am Polytechnischen Institut des Dongebietes in Novočerkassk bei Rostov am Don sowie am Landwirtschaftlichen Institut in Voronež gegründet worden (POLYNOV, 1948/1956a, S. 693).

DOBROVOL'SKIJ, 1966). Darüber hinaus besteht seit 1945 auch an der Geographischen Fakultät der Lomonossov-Universität ein Lehrstuhl für Bodengeographie und Geochemie der Landschaft.

In Petrograd wurde noch während des Bürgerkrieges durch die Akademie der Wissenschaften der UdSSR eine bodenkundliche Abteilung des „Komitees zur Erforschung der natürlichen Produktivkräfte Rußlands" gegründet, in welcher das seit 1912 bestehende Dokučaev-Bodenkomitee aufging[2]). Diese Abteilung wurde 1925 in das Dokučaev-Bodeninstitut umgewandelt und 1934 nach Moskau verlegt. Das Dokučaev-Bodeninstitut ist heute die führende bodenkundliche Forschungseinrichtung der Sowjetunion. Auch andere bodenkundliche Forschungszentren wurden geschaffen, wie die bodenkundliche Abteilung des Staatlichen Instituts für Feldversuchswesen (Institut opytnoj agronomii) und das Staatliche Bodeninstitut des Volkskommissariats der RSFSR für Landwirtschaft in Moskau. Dieses Institut entstand aus dem Moskauer Bodenkomitee der Vorrevolutionszeit[2] und umfaßte zeitweilig über 700 Mitarbeiter. Aus ihm ging 1931 das Allunions-Institut für Düngung und agronomische Bodenkunde (VIUA) der Lenin-Akademie hervor. Später traten zahlreiche z. T. große Hochschul- und Forschungsinstitute in allen Teilen des Landes, insbesondere auch in den früher unentwickelten Gebieten Sibiriens und Mittelasiens hinzu.

Der gegenwärtige Umfang der sowjetischen bodenkundlichen Forschung ergibt sich u. a. daraus, daß der Sowjetischen Bodenkundlichen Gesellschaft im Juni 1966 über 5000 Mitglieder angehörten und daß in dem 1962 gegegründeten feldwirtschaftlichen Projektierungsdienst („Giprozem") 1966 1672 Bodenkundler tätig waren (VOROB'EV und GORDINSKIJ, 1966).

Als besonders wichtiges Zeichen der veränderten Stellung der Bodenkunde war die Berufung von Bodenkundlern zu Ordentlichen Mitgliedern der Akademie der Wissenschaften der UdSSR sowie der Akademien der Wissenschaften der Unionsrepubliken zu werten[3]). Auch in die Allunions-Lenin-Akademie der Landwirtschaftswissenschaften wurden von Anfang an Bodenkundler und Agrochemiker berufen.

Die große Förderung, welche die Bodenkunde durch die Kommunistische Partei und die Regierung der Sowjetunion erfahren hat, hat reiche Früchte getragen. Die sowjetische bodenkundliche Forschung hat in den 50 Jahren seit der Großen Sozialistischen Oktoberrevolution grundlegende theoretische Erkenntnisse von internationaler Bedeutung und entscheidende Grundlagen für die Landwirtschaft der Sowjetunion erarbeitet.

Sie konnte dabei z. T. auf früher geschaffenen wissenschaftlichen Grundlagen aufbauen.

[2]) Vgl. S. 10, Anm. 4.

[3]) Zu Ordentlichen Mitgliedern der Akademie der Wissenschaften der UdSSR wurden berufen: K. D. GLINKA (1927), K. K. GEDROIC (1928), V. R. VIL'JAMS (1931), L. I. PRASOLOV (1935), B. B. POLYNOV (1946), I. V. TJURIN (1953) und I. P. GERASIMOV (1953).

E. EHWALD

Stand der Bodenkunde im zaristischen Rußland

Bekanntlich hatte die Bodenkunde in Rußland bereits vor der Oktoberrevolution einen hohen Stand erreicht und international große Anerkennung gefunden (vgl. bes. PRASOLOV, 1945; POLYNOV, 1948, 1956; VILENSKIJ, 1958; TJURIN und LIVEROVSKIJ, 1962). VASILIJ VASIL'EVIČ DOKUČAEV hatte in den letzten beiden Jahrzehnten des 19. Jahrhunderts die Bodenkunde als selbständige Naturwissenschaft begründet und sie in den großen Zusammenhang einer umfassenden Erforschung der landschaftsgebundenen Produktionsbedingungen gestellt (DOKUČAEV, 1949–1961; vgl. POLYNOV u. a., 1956; EHWALD, 1960). Die Grundkonzeption DOKUČAEVS, die für die Entwicklung der gesamten Bodenkunde, ganz besonders aber der sowjetischen Bodenkunde große Bedeutung erlangen sollte, kann man vielleicht in folgender Weise formulieren: Die Böden dürfen nicht einseitig agrikulturchemisch nur als Ackerkrumen oder einseitig geologisch nur als oberste Verwitterungsrinde der Erde betrachtet werden. Die Böden sind vielmehr mannigfaltige Naturkörper mit einem spezifischen Aufbau, die in funktionaler Abhängigkeit von den Umweltbedingungen entstehen und sich entwickeln. Ihre umfassende naturwissenschaftliche Erforschung ist die Voraussetzung für ihre richtige land- und forstwirtschaftliche Beurteilung und Nutzung.

DOKUČAEV hatte aber nicht nur entscheidende theoretische Grundlagen für die Entwicklung der Bodenkunde und darüber hinaus der physischen Geographie und anderer Wissenschaften gelegt, sondern durch Bodenbonitierungen sowie durch weit vorausschauende Vorschläge zur Dürrebekämpfung in den Steppengebieten auch gezeigt, wie die neuen theoretischen Erkenntnisse praktisch zu nutzen waren.

Die internationalen Auswirkungen dieser neuen Ideen waren schon damals bedeutend (vgl. POLYNOV, 1927, 1956a). So übernahm der hervorragendste Vertreter der deutschen Bodenkunde, EMIL RAMANN, der mehrere Reisen nach Rußland durchführte und die russische Sprache erlernte (vgl. KRAUSS und SALLINGER, 1952), ebenso wie der ungarische Forscher P. TREITZ und der rumänische Geologe und Bodenkundler G. M. MURGOCI viele der grundlegenden Vorstellungen der russischen bodenkundlichen Schule. Ihre Ausbreitung und Anerkennung förderte auch die auf Veranlassung von H. STREMME 1914 unter dem Titel „Die Typen der Bodenbildung“ erschienene deutsche Ausgabe des grundlegenden Werkes „Počvovedenie“ von K. D. GLINKA, einem unmittelbaren Schüler DOKUČAEVS (GLINKA, 1914).

Die von DOKUČAEV begründete genetisch-geographische bodenkundliche Schule war jedoch keineswegs die einzige im vorrevolutionären Rußland.

Gleichzeitig mit DOKUČAEV hatte P. A. KOSTYČEV in Anknüpfung an die west- und mitteleuropäische Agrikulturchemie eine agronomisch-bodenkundliche Forschungsrichtung auf vorwiegend experimenteller Grundlage geschaffen. KOSTYČEV studierte die Böden vor allem in Beziehung zur Pflanze und zur landwirtschaftlichen Produktion und schenkte dabei der Untersuchung der chemischen, physikalischen sowie der mikrobiologischen Vorgänge im Boden große Beachtung (KOSTYČEV, 1951; KRUPENIKOV, 1955).

Das Nebeneinanderbestehen dieser beiden bodenkundlichen Hauptrichtungen im zaristischen Rußland hatte seine tiefe Ursache in der Unterordnung auch der Bodenkunde unter die Interessen der halbfeudalen Großgrundbesitzer (vgl. KOVDA, 1932; TJURIN und LIVEROVSKIJ, 1962).

Die bodengeographisch-bodengenetischen Arbeiten DOKUČAEVS waren zunächst durch das Interesse wichtiger Vertreter des adligen Großgrundbesitzes sowie des Handels an der Ausdehnung des Weizenanbaus für den Export veranlaßt worden, das mit dem Übergang der russischen Landwirtschaft zur kapitalistischen Wirtschaftsweise immer stärker wurde. Hinzu kamen sehr bald umfangreiche Aufträge der adligen Gouvernements-Landwirtschaftsvertretungen (der „zemstva“) für Bodenbonitierungen zu Steuerzwecken, die für die bodenkundliche Erforschung des europäischen Rußland und die Entwicklung der Bodengeographie eine bedeutende Rolle spielten.

Von staatlicher Seite wurden der Bodenkunde dagegen erst im letzten Jahrzehnt vor dem Weltkrieg bedeutungsvolle Aufgaben gestellt.

Um der revolutionären Bewegung in der Bauernschaft entgegenzuwirken und die russische Stellung in Asien gegenüber Japan zu stärken, wurde nach der Revolution von 1905 im Zuge der STOLYPINschen Reaktion die Umsiedlung von Bauern in die asiatischen Gebiete in Angriff genommen. Die Umsiedlungsbehörde veranlaßte dazu umfangreiche Erkundungen, welche die bodenkundliche Erforschung Asiens einleiteten. Die Bodengeographie sowie die Bodentypenlehre wurden dadurch zwar gefördert, jedoch in eine einseitige Richtung gedrängt. Denn es kam bei diesen Erkundungen vor allem auf das Auffinden kultivierbarer Böden und die Beschreibung ihrer Eigenschaften an. Die Frage, wie die Fruchtbarkeit dieser Böden gesteigert werden könnte, spielte demgegenüber eine untergeordnete Rolle. Daraus erklärt es sich nicht zuletzt, daß die damalige russische Bodengeographie und Bodentypenlehre die Böden fast ausschließlich als Naturerscheinungen behandelte und ihre Veränderung durch landwirtschaftliche Maßnahmen kaum in Betracht zog.

Die russische agronomische Bodenkunde war wie die gesamte Agrikulturchemie dagegen auf die Intensivierung der Bodennutzung auf den Gütern der fortgeschrittensten Großgrundbesitzer gerichtet, die „von der Fronarbeit zur kapitalistischen Wirtschaft“ übergingen (LENIN, 1899/1956). Jedoch war das Interesse der halbfeudalen Großgrundbesitzer an der Einführung moderner landwirtschaftlicher Verfahren im zaristischen Rußland verhältnismäßig gering, weil ihnen die billige Arbeitskraft der Bauern reichlich zur Verfügung stand.

Selbstverständlich standen die genetisch-geographische und die agronomische Bodenkunde nicht gänzlich isoliert voneinander. DOKUČAEVS engster Mitarbeiter N. M. SIBIRCEV versuchte bereits vor der Jahrhundertwende eine Synthese dieser beiden Richtungen (SIBIRCEV, 1900–1901/1951). Einige hervorragende Vertreter der agronomischen Bodenkunde wie P. S. KOSSOVIČ in Petersburg (vgl. PRJANIŠNIKOV, 1915) sowie A. N. SABANIN und dessen Schüler und Nachfolger V. V. GEMMERLING in Moskau (vgl. DOBROVOL'SKIJ, 1959; REMEZOV, 1955) verbanden intensive bodenchemische und bodenphysikalische Forschungen unter vorwiegend agronomischer Zielstellung mit der Weiterentwicklung der genetischen Bodenkunde. Andererseits widmete sich ein so bedeutender Schüler und Mitarbeiter DOKUČAEVS wie G. N. VYSOCKIJ in großem Umfang bodenhydrologischen Untersuchungen unter forstlichen und landeskulturellen Gesichtspunkten (vgl. VYSOCKIJ, 1962).

Trotzdem mußte im Jahre 1918 L. I. PRASOLOV feststellen, es gäbe zwischen der jüngeren genetischen Schule DOKUČAEVS und der alten agronomischen Schule keine Einheit und keine Verbindung, die agronomische Untersuchung der Böden nutze die leitenden Ideen der genetischen Bodenkunde nicht, und die geographische Richtung sei den praktischen Bedürfnissen vielfach nicht nahe genug gekommen (PRASOLOV, 1923, S. 37; vgl. auch TJURIN und LIVEROVSKIJ, 1962, S. 238).

So war die russische Bodenkunde der Vorrevolutionszeit trotz grundlegender neuer Erkenntnisse von Weltbedeutung, trotz des Bestehens eigener Organisationen[4]) und Publikationsorgane[5]) und trotz der im Vergleich mit anderen Staaten weit vorgeschrittenen bodenkundlichen Erforschung des Landes durch ihre Unterordnung unter die Klasseninteressen der Großgrundbesitzer in ihrer Entwicklung gehemmt.

4) Insbesondere das Dokučaev-Bodenkomitee in Petersburg, das 1912 als Nachfolgeeinrichtung der von DOKUČAEV 1888 gegründeten Bodenkommission der „Freien Ökonomischen Gesellschaft" entstand (vgl. JARILOV, 1939), sowie das 1908 aus der gleichfalls seit 1888 bestehenden Sibircev-Bodenkommission der Moskauer Landwirtschaftsgesellschaft hervorgegangene Moskauer Bodenkomitee. Beide Komitees spielten für die Entwicklung der Bodenkunde im vorrevolutionären Rußland eine wichtige Rolle (vgl. POLYNOV, 1948/1956a).

5) Insbesondere die 1899 begründete und noch heute bestehende Zeitschrift „Počvovedenie" (bis 1947 mit dem Untertitel „Pedology") sowie die „Materialy po izučenija russkich počv (1885–1917) (vgl. insbes. GAFAROV, 1964).

Der Einfluß der Großen Sozialistischen Oktoberrevolution auf die Bodenkunde in der Sowjetunion

Mit der Großen Sozialistischen Oktoberrevolution änderte sich auch die Lage der russischen Bodenkunde grundlegend.

Entscheidend dafür war vor allem, daß der Boden gesellschaftliches Eigentum geworden war und als wichtigstes Produktionsmittel der Land- und Forstwirtschaft in den Mittelpunkt des gesellschaftlichen Interesses trat. Die Kommunistische Partei und der sowjetische Staat widmeten der zweckmäßigsten Nutzung des Bodens und der Steigerung der Bodenfruchtbarkeit ständig große Aufmerksamkeit, stellten der Bodenkunde gewaltige und begeisternde Ziele im Dienste des sozialistischen Aufbaus und führten sie aus der klassengebundenen Enge der Vorrevolutionszeit heraus. Entsprechend der von LENIN immer wiederholten Forderung, die bürgerlichen Spezialisten der Vorrevolutionszeit zur Lösung der neuen Aufgaben heranzuziehen und auf den Grundlagen aller Lehren aufzubauen, die die großkapitalistische Kultur geschaffen hat (LENIN, 1918/1959, S. 210ff.), wurde die überwiegende Mehrzahl der Bodenkundler der Vorrevolutionszeit in die Lösung der neuen Probleme einbezogen, und die wertvollen Traditionen der alten russischen Bodenkunde wurden übernommen und bis auf den heutigen Tag gepflegt und weiterentwickelt. Andererseits wandelten sich viele Auffassungen der älteren Forschergeneration in der Mitarbeit am Aufbau einer sozialistischen Landwirtschaft und in den politisch-ideologischen Auseinandersetzungen, welche die Umgestaltung des gesamten gesellschaftlichen Lebens begleiten[6]).

Die bodenkundliche Erforschung der Sowjetunion und die Entwicklung der sowjetischen Bodengeographie und Bodenkartographie

Die erste Aufgabe, vor die sich die Bodenkundler der Sowjetunion gestellt sahen, war die weitere bodenkundliche Erforschung des Landes.

In den ersten beiden Jahrzehnten galt es zunächst, durch Erkundungsexpeditionen sowie klein- oder mittelmaßstäbliche Kartierungen die bodenkundlich noch wenig bekannten Gebiete zu erforschen und damit einen ersten Gesamtüberblick über den Bodenfonds der Sowjetunion zu gewinnen. Bereits 20 Jahre nach der Oktoberrevolution war ein bis auf wenige Ausnahmen vollständiges Bild der Bodendecke der Sowjetunion erarbeitet (PRASOLOV, 1937a).

[6]) Zur Entwicklung der sowjetischen Bodenkunde vgl. u. a. O. A. (1937), PRASOLOV (1945), POLYNOV (1947a und 1948a/1956a), TJURIN (1957, 1958, 1961), VILENSKIJ (1958), EGOROV (1967), FRIDLAND (1967).

Bald trat jedoch die Notwendigkeit detaillierter Untersuchungen als Grundlage wichtiger Projekte zur besseren Erschließung der natürlichen Reserven des Landes immer stärker hervor. Mit dem Elektrifizierungsprogramm des Goelro-Planes, insbesondere aber mit der Durchführung der großen Volkswirtschaftspläne und der damit einsetzenden Intensivierung der Landwirtschaft wurden die gesellschaftlichen Aufgaben für die sowjetische Bodenkunde immer größer und erforderten eine immer engere Synthese von bodengenetisch-bodengeographischen und agronomisch-bodenkundlichen Arbeiten. Um diesen Anforderungen zu genügen, wurden u. a. umfassende komplexe Expeditionen unter Beteiligung von zahlreichen Spezialisten verschiedener Teildisziplinen der Bodenkunde und von Agronomen, aber auch von Geobotanikern und Hydrologen organisiert. Das galt insbesondere für die großen Bewässerungsvorhaben, die mit der Anlage gewaltiger Wasserkraftwerke in Verbindung standen[7]).

Auch die Ausdehnung technischer Kulturen erforderte eingehende bodenkundliche Vorarbeiten[8]) (vgl. PRASOLOV, 1937a).

Spätere Erkundungen, Kartierungen und komplexe Forschungen dienten der Anlage von Waldschutzstreifen (vgl. ZONN, 1955), der Entwässerung von Sumpfgebieten (vgl. SKRYNNIKOVA, 1954) und der Kultivierung von Neulandgebieten (vgl. TJURIN, 1954).

Vor allem aber erwuchs mit der umfassenden sozialistischen Umgestaltung der Landwirtschaft seit etwa 1927 die gewaltige Aufgabe, großmaßstäbliche Bodenkarten für die Sowchosen und Kolchosen auf Hunderten von Millionen Hektar zu schaffen. Auch dabei wurden zunächst vor allem bodenkundliche Grundlagen für den Getreideanbau und den Anbau technischer Kulturen benötigt (VILENSKIJ, 1937).

Die durch großmaßstäbliche Kartierungen erfaßte Fläche war vor der Revolution völlig unbedeutend; sie stieg bis 1932 auf 70 Millionen, bis 1957 auf 260 Millionen ha (ROZOV, 1957a) und umfaßte Ende 1965 445 Millionen ha (VOROB'EV und GORDINSKIJ, 1966), das sind etwa 73% der gesamten landwirtschaftlichen Nutzfläche der UdSSR und das 75fache der landwirtschaftlichen Nutzfläche unseres Staates.

Organisation und Methodik der großmaßstäblichen Kartierung und der Inhalt der Bodenkarten veränderten sich im Laufe der Zeit mehrfach und waren z. T. Gegenstand heftiger Diskussionen (vgl. BELONOŽKO und PONAGAJBO, 1937; KANIVEC, 1937; O. A., 1938; KAČINSKIJ, 1938; TERENT'EV, 1939; O. A., 1939; ROZOV, 1957a; GAVRILJUK, 1963).

[7]) So z. B. 1919–1925 im Volchov-Gebiet unter Leitung von L. I. PRASOLOV (PRASOLOV, 1925 und 1927) und 1932–1940 im Transwolgagebiet (vgl. SADOVNIKOV, 1952).

[8]) So wurden vom Institut für Düngung und Agrobodenkunde in Moskau (VIUA) 1932 auf 30,9 Mill. ha Erkundungen und auf 1,275 Mill. ha detaillierte Untersuchungen vor allem in Gebieten mit hohem Anteil technischer Kulturen durchgeführt (vgl. KARPINSKY, 1933; ČERNAVIN und KARPINSKIJ, 1957).

Schließlich wurde klargestellt, daß die großmaßstäblichen Bodenkarten den Charakter naturwissenschaftlicher Grundlagenkarten besitzen und die einzelnen Böden so umfassend wie möglich kennzeichnen müssen, damit sie lange Zeit hindurch als Grundlage spezieller Auswertungen dienen können (vgl. GERASIMOV u. a., 1954; ROZOV, 1957a). Andererseits werden diese Karten durch Begleitkartogramme, welche wichtige fruchtbarkeitsbeeinflussende Bodeneigenschaften darstellen, insbesondere aber durch agrochemische Karten ergänzt (SOKOLOV, 1964). Diese etwa unseren Nährstoffgehaltskarten entsprechenden agrochemischen Karten bauen auf den naturwissenschaftlichen Bodenkarten auf und gestatten daher besser begründete und besser verallgemeinerungsfähige Schlußfolgerungen als die sogar von den Ergebnissen der Bodenschätzung isolierten Nährstoffkarten der DDR.

Die praktische Bedeutung der großmaßstäblichen Bodenkarten für die einzelnen Sowchosen und Kolchosen liegt unmittelbar auf der Hand. Sie sind Grundlage aller agrotechnischen Maßnahmen und der gesamten Betriebseinrichtung, was auch darin zum Ausdruck kommt, daß die großmaßstäbliche Bodenkartierung meist unmittelbar durch den feldwirtschaftlichen Projektierungsdienst (Giprozem) durchgeführt wird (FRIDLAND, 1967). Im übrigen wird das Problem der Auswertung der Bodenkartierungen für die Bedürfnisse der Praxis zur Zeit in der sowjetischen Bodenkunde lebhaft diskutiert (vgl. VOROB'EV und GORDINSKIJ, 1966). Die dabei entwickelten Gesichtspunkte haben auch für die Durchführung der standortkundlichen Ergänzungen zur Bodenschätzung und ihre Auswertung in unserem Lande wesentliche Bedeutung. Besondere Beachtung verdienen dabei die Bildung sog. feldwirtschaftlicher Bodengruppen (agroproistvostvennaja gruppirovka počv) sowie die Bildung von sog. Landtypen (tipi zemel') (vgl. FRIDLAND und GRIGOR'EV, 1967; GERASIMOV und FRIDLAND, 1967). Diese „Landtypen" entsprechen etwa den in der DDR von RÜBENSAM (1959) vorgeschlagenen „landwirtschaftlichen Produktionsgebieten" bzw. den „natürlichen Standortseinheiten" nach SCHILLING u. a. (1965), bauen jedoch auf einer umfassenderen naturwissenschaftlichen Grundlage auf (vgl. EHWALD, 1968).

Ferner wird z. Z. auf der Grundlage der bodenkundlichen und agrochemischen Kartierungen sowie weiterer Detailuntersuchungen in enger Zusammenarbeit zahlreicher bodenkundlicher und agrochemischer Institute eine Schriftenreihe „Agrochemische Charakteristik der Böden der UdSSR" (SOKOLOV und ŠKONDE, 1963ff.) herausgegeben, welche für die einzelnen Republiken bzw. Naturräume der Sowjetunion eine umfassende agrochemische Kennzeichnung aller verbreiteter Böden, und zwar nicht nur der Ackerkrume, sondern auch der Unterböden gibt. Damit wird eine wesentliche Grundlage für die Ausarbeitung von komplexen Düngungsverfahren geschaffen, die an die jeweiligen Standortsverhältnisse angepaßt sind, wie es vom XXIII. Parteitag und dem Maiplenum 1966 des ZK der KdPSU gefordert wurde. Eine entsprechende Darstellung für die Böden der DDR haben auch wir uns als Ziel gesetzt – sie bedarf jedoch noch jahrelanger intensiver Anstrengungen.

In einem so weiträumigen und hinsichtlich der natürlichen Produktionsbedingungen so vielgestaltigen Land wie der Sowjetunion haben jedoch nicht nur die großmaßstäblichen, sondern auch kleinmaßstäblichen Bodenkarten große Bedeutung, insbesondere als Planungsgrundlage. Daher wurde der Schaffung von kleinmaßstäblichen und Übersichtskarten stets große Aufmerksamkeit zugewendet[9]) (vgl. GERASIMOV und ROZOV, 1939; ROZOV, 1957a).

Besonders hervorzuheben ist die unter Leitung von L. I. PRASOLOV und später von I. P. GERASIMOV und E. N. IVANOVA herausgegebene große kollektive Leistung der Staatlichen Bodenkarte der UdSSR im Maßstab 1 : 1000000, von der bisher etwa 50 Blätter erschienen sind, die alle Gebiete der Sowjetunion mit intensiver Land- und Forstwirtschaft erfassen (vgl. GERASIMOV, 1950; ROZOV, 1957a). Außerdem wurden die Ergebnisse der Erkundungs- und Kartierungsarbeiten in zahlreichen regionalen Monographien zusammengefaßt[10]).

Auch das Problem, den 2,2 Milliarden ha umfassenden Bodenfonds der UdSSR mit Hilfe der Bodenkarten in vielfacher Weise zu kennzeichnen, beschäftigt die sowjetische Bodenkunde seit Ende der zwanziger Jahre immer wieder (vgl. ROZOV, 1957b, 1962; GERASIMOV, 1966; vgl. auch VOROB'EV und GORDINSKIJ, 1966; GERASIMOV und FRIDLAND, 1967).

Die sowjetischen Bodengeographen haben die dabei gewonnenen Erkenntnisse und Erfahrungen genutzt, um auch die Bodenreserven der Erde zu ermitteln und zu kennzeichnen, insbesondere mit dem Ziel, zu zeigen,

[9]) Die ersten Übersichtskarten des europäischen Teils der Sowjetunion wurden 1927 und 1930 von L. I. PRASOLOV und K. D. GLINKA veröffentlicht (PRASOLOV, 1927b; Abdruck bei KRISCHE, 1928; PRASOLOV, 1937b), die erste Karte des asiatischen Teils unter Leitung K. D. GLINKAS und L. I. PRASOLOVS 1926 (vgl. PRASOLOV, 1926), die erste Gesamtbodenkarte der Sowjetunion 1937 (im Großen Sowjetischen Weltatlas, PRASOLOV, 1937c). Diese Karten wurden laufend verbessert und verfeinert (vgl. GERASIMOV, 1955) bis hin zu der Bodenkarte der UdSSR im Maßstab 1 : 4000000 (1956) sowie der Bodenkarte der UdSSR im Maßstab 1 : 15000000 im Physisch-geographischen Weltatlas (GERASIMOV, ROZOV und FRIDLAND, 1964).

[10]) Vgl. z. B. „Die Böden der UdSSR, Europäischer Teil" (PRASOLOV, 1939) sowie die Monographien über die Böden der Ukraine (VERNANDER u. a., 1951), Südsibiriens (GORŠENIN, 1955), der Wüstengebiete der UdSSR (LOBOVA, 1960), Kareliens (MARČENKO, 1962), die im Erscheinen begriffene Serie über die Böden Kasachstans (BEZSONOV u. a., 1960ff.). Weitere regionale Monographien sind bei ROZOV (1957a), VILENSKIJ (1961) sowie bei IVANOVA u. a. (1962) aufgeführt.

welche gewaltigen Möglichkeiten zur Steigerung der Nahrungsmittelproduktion auf der Erde bestehen und wie haltlos daher die menschenfeindliche Argumentation des Neomalthusianismus ist (PRASOLOV und ROZOV, 1947). Dem Kampf gegen den Neomalthusianismus und das sog. Gesetz vom abnehmenden Bodenertrag dienten auch zahlreiche andere Arbeiten sowjetischer Bodenkundler (vgl. z. B. PRJANIŠNIKOV, 1925/1963; VIL'JAMS, 1929/1951; ANTIPOV-KARATAEV, 1953; KOVDA, 1963; SOKOLOVSKIJ, 1953).

Ein weiteres für detaillierte Planungen sehr wichtiges Ergebnis der Kartierungsarbeiten ist schließlich die landwirtschaftlich-bodengeographische Gliederung des Landes („Bodengeographische Rayonnierung"). Sie wurde 1922 von L. I. PRASOLOV erstmals versucht; später insbesondere auch von führenden Vertretern der agronomischen Bodenkunde wie N. P. LETUNOV, N. P. KARPINSKIJ und V. A. FRANCESON gefördert (vgl. FRANCESON, 1940/1963; KARPINSKIJ u. a., 1940). 1962 fand sie einen vorläufigen Abschluß in der auf den Ergebnissen vieler bodenkundlicher Forschungseinrichtungen aufbauenden, vom Dokučaev-Bodeninstitut bearbeiteten Monographie „Die bodengeographische Rayonnierung der UdSSR" (IVANOVA u. a., 1962).

Die Auswertung des riesigen Materials, das im Zuge der Erkundungen und Bodenkartierungen anfiel, brachte auch wissenschaftlich reiche Ergebnisse.

Naturgemäß führte die Erforschung großer vorher weitgehend unbekannter Gebiete zur Entdeckung neuer Bodentypen[11]) und warf zahlreiche Probleme auf. Die Böden dieser Gebiete waren zu kennzeichnen, ihre Verbreitung festzustellen, ihre fruchtbarkeitsbestimmenden Eigenschaften, ihre Genese, ihre Verknüpfung mit Vegetation und Umwelt waren zu erforschen, sie mußten in die Bodenklassifikation eingeordnet werden. Wichtige bodengeographische Gesetzmäßigkeiten wurden ermittelt (vgl. IVANOVA u. a., 1967). So wurde die von DOKUČAEV (1898 und 1900/1951) und SIBIRCEV (1895/1953) begründete Lehre von den Bodenzonen und deren „normalen" bzw. „zonalen" Böden durch GLINKA (1914, 1927, vgl. LIVEROVSKIJ, 1968), NEUSTRUEV (1930, vgl. GERASIMOV, 1949a), PRASOLOV (vgl. GERASIMOV u. a., 1957), GERASIMOV (vgl. FRIDLAND, 1966) u. a. weiter entwickelt und zu einem umfassenden System ausgebaut. Dieses System bildet u. a. auch die Grundlage für die bereits erwähnte bodengeographische Rayonnierung der UdSSR und liegt auch den sowjetischen Weltbodenkarten (vgl. GERASIMOV, 1956, 1957, 1966; GERASIMOV u. a., 1964) zugrunde. Andererseits wird der „Struktur der Boden-

[11]) Zum Beispiel der „zimtfarbenen Böden" (koričnevye počvy) der Trockenwälder und -gebüsche mediterraner Klimagebiete (vgl. GERASIMOV, 1949b), der „grauzimtfarbenen Böden" (sero-koričnevye počvy) der subtropischen Steppen (ROZANOV, 1954) sowie der „Permafrost-Taiga-Böden" (merzlotnotaežnye počvy) (vgl. IVANOVA u. a., 1961).

decke“ innerhalb der regionalen Einheiten besonders in neuer Zeit große Aufmerksamkeit geschenkt (FRIDLAND, 1965), zumal sie von entscheidender Bedeutung für die Erarbeitung der bereits erwähnten, für die landwirtschaftliche Praxis wichtigen Landtypen (tipi zemel') ist.

Durch diese und zahlreiche andere bodengeographische Forschungen behauptet die sowjetische Bodengeographie nach wie vor eine führende Stellung in der Welt.

Entwicklung und Bedeutung der sowjetischen Bodenchemie und Bodenphysik

Wesentliche Bedeutung in der Entwicklung der sowjetischen Bodenkunde hatten neben den bodengeographischen Arbeiten Forschungen zur Bodenchemie[12]) und Bodenphysik.

Die z. T. noch in die Vorrevolutionszeit zurückreichenden Arbeiten von K. D. GEDROJC über die Austauschvorgänge im Boden und den adsorbierenden Bodenkomplex (GEDROJC, 1955; vgl. REMEZOV, 1952; RODE u. a., 1956) standen bereits auf der ersten Tagung der sowjetischen Bodenkundler im Jahre 1921 im Mittelpunkt der Aufmerksamkeit und leiteten eine intensive Forschungstätigkeit auf dem Gebiet der Physikochemie, insbesondere der Kolloidchemie des Bodens ein. Neben den Arbeiten von K. K. GEDROJC, die rasch auch international größte Anerkennung fanden – nicht zuletzt durch die deutschen Übersetzungen von L. FREY und K. KURON (GEDROIZ, 1926, 1929 und 1931), sind vor allem die vielseitigen Untersuchungen von I. N. ANTIPOV-KARATAEV (z.B. ANTIPOV-KARATAEV und RABINERSON, 1930; ANTIPOV-KARATAEV, 1945–1948; vgl. O. A,. 1965a), A. A. SOKOLOVSKIJ (vgl. SOKOLOVSKIJ, 1956; SOBOLEV, 1945; KRUPSKIJ, 1954) und A. F. TJULIN CTJULIN, 1946, 1958; vgl. O. A., 1956) zu nennen. Im Mittelpunkt standen vor allem Arbeiten zur Aufklärung der Natur der Bodenkolloide, die seit Mitte der dreißiger Jahre in immer zunehmendem Umfang durch tonmineralogische Untersuchungen ergänzt wurden (vgl. GORBUNOV, 1957, 1963), sowie Untersuchungen zum Kationen- und Anionenaustausch, ferner Arbeiten über die Aziditätsverhältnisse (vgl. ČERNOV, 1947) und die Zusammensetzung der Bodenlösung (vgl. z. B. KOMAROVA, 1958; SKRYNNIKOVA, 1959) sowie Untersuchungen über die physikochemischen Grundlagen der Bodenstruktur (z. B. TJULIN, 1946, 1958; ANTIPOV-KARATAEV, KELLERMAN und CHAN, 1948; VERŠININ, 1958).

Diese und zahlreiche andere Arbeiten dienten der Aufklärung bzw. Ermittlung und Kennzeichnung sowohl der fruchtbarkeitsbeeinflussenden als

[12]) Vgl. TJURIN (1927), ANTIPOV-KARATAEV (1937, 1943, 1947, 1957), vgl. ferner SOKOLOV (1947, 1954 und 1967).

auch der bodengenetisch bedeutsamen Bodenprozesse und Bodeneigenschaften. Sie führten daher auch zu einer Annäherung der genetisch-geographischen und agronomischen Richtung der Bodenkunde bzw. der Bodenkunde und Agrochemie in der Sowjetunion, zumal sowohl K. K. GEDROJC und zahlreiche seiner Schüler als auch andere bedeutende Bodenchemiker die von ihnen erarbeiteten physikochemischen und kolloidchemischen Methoden nicht nur auf Bodenfruchtbarkeitsprobleme, sondern auch auf bodengenetische Probleme anwandten[13]).

Andererseits wurden von agrochemischer Seite [insbesondere durch das Institut für Düngung des Obersten Volkswirtschaftsrates – NIU, jetzt Institut für Düngung, Insektizide und Fungizide – NIUIF (vgl. LEBEDJANCEV, 1933/1960) sowie das Institut für Düngung und Agrobodenkunde – VIUA (KARPINSKIJ, 1933; ČERNAVIN und KARPINSKIJ, 1957)] im Zusammenhang mit Untersuchungen über die Wirkung von Mineraldüngern auf verschiedenen Böden außerordentlich umfangreiche Arbeiten zur agrochemischen Kennzeichnung der Böden der UdSSR durchgeführt, deren Ergebnisse mehrfach, zuletzt in der bereits erwähnten Schriftenreihe „Agrochemische Charakteristik der Böden der UdSSR" (SOKOLOV und ŠKONDE, 1963ff.) zusammenfassend dargestellt wurden und als Grundlage einer agrochemischen Bodenkarte der UdSSR (SOKOLOV u. a., 1966) dienen.

Außerdem wurden im Zusammenhang mit Problemen der Pflanzenernährung sowie der Kalkung und Düngung von den sowjetischen Agrochemikern, an der Spitze D. N. PRJANIŠNIKOV und seinen Mitarbeitern, zahlreiche bodenchemische Fragen intensiv bearbeitet (vgl. REMEZOV, 1939; PRJANIŠNIKOV, 1963; RATNER, 1950). Neben Arbeiten über Bodenazidität und Phosphatbindung, insbesondere Phosphationensorption (vgl. ASKINAZI, 1949) sowie umfangreichen Untersuchungen über die organische Bodensubstanz, auf die noch gesondert einzugehen ist, erlangte vor allem die Erforschung der Spurenelemente zunehmende Bedeutung. Sie wurde zunächst von geochemischer Seite gefördert (vgl. VINOGRADOV, 1950 – deutsch WINOGRADOW, 1954; vgl. PEJVE, 1963), dann aber auch von Agrochemikern intensiv betrieben (vgl. BOBKO, 1934–1950/1963; PEJVE, 1961).

In der sowjetischen Bodenphysik[14]) wurden schon in den zwanziger Jahren Grundlagenuntersuchungen über bodenphysikalische Vorgänge mit Felduntersuchungen unter Berücksichtigung der Bodentypen und Bodenhorizonte sowie der Umweltbedingungen verbunden und dadurch sowohl agro-

[13]) Vgl. dazu z. B. die Arbeiten von K. K. GEDROJC zur Genese und Melioration der Salzböden (GEDROJC, 1922/1932/1955 und 1925/1927 – deutsch GEDROIZ, 1929 und 1931 – sowie GEDROJC, 1926 und 1928/1955) sowie die entsprechenden Arbeiten von A. A. ANTIPOV-KARATAEV (vgl. TJURIN u. a., 1953), KOVDA (1946/47) u. a.

[14]) Vgl. KAČINSKIJ (1937, 1948, 1957b, 1967).

nomisch und meliorationskundlich als auch bodengenetisch wichtige Ergebnisse erreicht.

So wurde unter Leitung von A. G. DOJARENKO das umfangreiche Material über den Einfluß agrotechnischer Maßnahmen auf die physikalischen und chemischen Bodeneigenschaften der Versuchsfelder der Timirjazev-Akademie ausgewertet und dadurch wichtige Einblicke in die Dynamik der fruchtbarkeitsbeeinflussenden Bodeneigenschaften gewonnen (vgl. DOJARENKO, 1963). KAČINSKIJ (1925, 1931) begann mit dem Studium zahlreicher physikalischer Bodeneigenschaften, aber auch der Wurzelverteilung in verschiedenen Böden. Er entwickelte zahlreiche bodenphysikalische Methoden und stellte die umfassende physikalische Kennzeichnung bestimmter Bodentypen unter verschiedenen Witterungsbedingungen im Felde sowohl in den Dienst bodengenetischer als auch agronomischer und meliorationskundlicher Fragestellungen. Seine Forschungen erweiterten sich im Laufe der Zeit auf fast alle Teilgebiete der Bodenphysik (vgl. KAČINSKIJ, 1958, 1963, 1965; O. A., 1965b).

In Leningrad wurde 1932 ein agrophysikalisches Institut unter Leitung von A. F. JOFFE (vgl. O. A., 1960) gegründet, in welchem neben biophysikalischen Untersuchungen umfangreiche Forschungen zu allen Teilgebieten der Bodenphysik durchgeführt werden, die von physikalischen Grundlagenuntersuchungen bis zu Messungen unter Feldbedingungen reichen (vgl. REVUT, 1960, 1964; NERPIN und ČUDNOVSKIJ, 1968).

Besonders eindrucksvoll sind die sowjetischen Forschungen auf dem Gebiet des Wasserhaushaltes der Böden (vgl. RODE, 1957, 1967). Dabei lassen sich zwei Hauptrichtungen der Forschung erkennen, nämlich die Untersuchung der Gesetzmäßigkeiten der Wasserbindung und Wasserbewegung im Boden und die Untersuchung und Kennzeichnung der Wasserregime verschiedener Böden. Die erstgenannte Forschungsrichtung ging in der Sowjetunion von Arbeiten aus, die A. F. LEBEDEV bereits in der Vorrevolutionszeit begonnen und bis in die dreißiger Jahre fortgesetzt hatte (vgl. A. F. LEBEDEV, 1936; N. und A. LEBEDEV, 1936). Sie hat inzwischen in zahlreichen Detailuntersuchungen die gesamte Breite der bodenhydrologischen Erscheinungen erfaßt (vgl. u. a. DOLGOV, 1948; RODE, 1952 – deutsch 1959 – und 1965; SUDNICYN, 1964) und stößt insbesondere in den Arbeiten des Agrophysikalischen Instituts in Leningrad, die z. T. in enger Verbindung mit dem bedeutenden Physikochemiker B. V. DERJAGIN (vgl. VOLAROVIČ und FINAŠINA, 1962) durchgeführt wurden, bis zu den molekular-physikalischen Grundproblemen vor[15]).

Die andere, auf die Kennzeichnung des Wasserregimes verschiedener Böden zielende Forschungsrichtung geht auf G. N. VYSOCKIJ zurück, der bereits als Mitarbeiter V. V. DOKUČAEVS um die Jahrhundertwende mit der Untersuchung des Wasserhaushaltes in den südrussischen Steppen-

[15]) Vgl. u. a. NERPIN und ČUDNOVSKIJ (1967). Dort weitere Literatur.

gebieten begonnen hatte und seine bodenhydrologischen Arbeiten, die insbesondere auch dem Einfluß des Waldes auf den Wasserhaushalt gewidmet waren, nach der Oktoberrevolution intensiv fortführte (vgl. VYSOCKIJ, 1960, 1962). Die von G. N. VYSOCKIJ erstmals 1927 aufgestellten Typen des Wasserhaushaltes wurden später von RODE (1956, 1968) unter Einbeziehung eines riesigen Materials stationärer Beobachtungen über den Wasserhaushalt verschiedener Böden aller wichtigen Naturzonen der Sowjetunion[16]) weiterentwickelt. Auch diese bodenhydrologischen Forschungen wurden sowohl unter bodengenetischen und bodengeographischen Gesichtspunkten angestellt bzw. ausgewertet als auch zur Klärung praktischer Probleme, insbesondere des Einflusses agrotechnischer oder forstlicher Maßnahmen auf den Wasserhaushalt der Böden.

Die sowjetische Meliorationsbodenkunde[17])

In unmittelbarer Anwendung der vorstehend geschilderten bodengeographischen, bodenchemischen und bodenhydrologischen Grundlagenforschungen hat sich in der Sowjetunion seit den dreißiger Jahren eine Meliorationsbodenkunde entwickelt, die in neuester Zeit besonders große Bedeutung erlangt. Die Meliorationsforschung steht ja durch das gewaltige Meliorationsprogramm, das auf dem XXIII. Parteitag und dem Maiplenum 1966 des ZK der KPdSU beschlossen wurde, auch in der Sowjetunion z. Z. im Mittelpunkt der Aufmerksamkeit (vgl. SCHUBLADSE, 1966).

Die sowjetische Meliorationsbodenkunde, die insbesondere von L. P. ROZOV gefördert wurde (vgl. ROZOV, 1956), erarbeitete zunächst meliorationskundliche Kennzeichnungen der Bodenzonen und Bodentypen, einschließlich der in ihnen ablaufenden Prozesse, als Grundlage der Bewässerung und Salzbodenmelioration einerseits, der Entwässerung andererseits. Sie konnte sich gerade hinsichtlich der in der Sowjetunion so entscheidend wichtigen Salzbodenmelioration auf ein ungeheures bodengenetisches und bodengeographisches Material stützen, das zum großen Teil von Forschern geschaffen wurde, die wie K. K. GEDROJC, I. N. ANTIPOV-KARATAEV und V. A. KOVDA sich gleichermaßen mit der Entstehung wie mit der Verbesserung der Salzböden beschäftigt haben (vgl. Anm. 13 sowie EGOROV und MINAŠINA, 1967; BOL'ŠAKOV und PAK, 1967). Ähnliches gilt für die Dränung periodisch vernäßter Böden, besonders aber die Entwässerung

16) Vgl. u. a. VASIL'EV (1950, 1958), DUBACH (1951), MOLČANOV (1952 – deutsch MOLTSCHANOW, 1957 – und 1960), ZONN (1959), BOL'ŠAKOV (1961), SKRYNNIKOVA (1961), RODE und KISSIS (1963), VERIGO und RAZUMOVA (1963), SKORODUMOV (1964), AFANAS'EVA (1966). Weitere Literatur bei RODE (1957 und 1967).

17) Vgl. u. a. EGOROV und MINAŠINA (1967).

von Sumpfgebieten und die Moorkultivierung (SKRYNNIKOVA, 1967; vgl. z. B. LUPINOVIČ und GOLUB, 1958; SKOROPANOV, 1961).

Die gegenwärtige meliorationsbodenkundliche Grundlagenforschung versucht durch enges Zusammenwirken von Bodenkundlern, Hydrologen, Meliorationswissenschaftlern und Agronomen Grundlagen nicht nur für die richtige Auswahl der meliorationsbedürftigen Flächen und der zweckmäßigsten Meliorations- und Folgemaßnahmen zu schaffen, sondern vor allem auch für Prognosen des Meliorationserfolgs. Dabei wird neben komplexen Standortsvergleichen, der Bildung von Meliorationsbodengruppen sowie Untersuchungen über die Auswirkungen der Meliorationsmaßnahmen auf Versuchsflächen angestrebt, durch vielseitiges Studium der entscheidenden Prozesse an stationären Beobachtungsstellen sowie durch Modellierung zu echten Bilanzen für die Wasser- und Salzverhältnisse zu gelangen (EGOROV und LETUNOV, 1966). Ergebnisse wurden 1966 auf dem III. Delegiertenkongreß der sowjetischen bodenkundlichen Gesellschaft vorgetragen (vgl. z. B. NOVIKOVA u. a., 1966). Diese neueste Entwicklung der Meliorationsbodenkunde in der Sowjetunion verdient insbesondere wegen ihrer Grundkonzeption auch dort unsere volle Aufmerksamkeit, wo die speziellen Probleme bei uns abweichend sind.

Die Lehren von V. R. VIL'JAMS und ihre Auswirkungen auf die Entwicklung der sowjetischen Bodenkunde

Großen Einfluß auf die Entwicklung der sowjetischen Bodenkunde hatten die Lehren von V. R. VIL'JAMS, deren weitreichende Wirkung einerseits durch ihre Originalität und ihre progressiven Leitgedanken begründet war, andererseits durch die große Autorität, die sich VIL'JAMS durch seine rückhaltlose Unterstützung des sozialistischen Aufbaus in der Landwirtschaft, insbesondere durch seine intensiven Bemühungen um die Steigerung der Bodenfruchtbarkeit erworben hatte (vgl. VIL'JAMS, 1949–1953; vgl. ferner PRASOLOV, 1949; BUŠINSKIJ und ALEKSANDROV, 1950; SMIRNOW, 1951; KRUPENIKOV, 1952).

VIL'JAMS hatte seine Vorstellungen über das Wesen der Bodenbildung als Interferenz des geologischen und biologischen Stoffkreislaufes, über den als einheitlichen Bodenbildungsprozeß aufgefaßten historischen Gang der Bodenentwicklung und die führende Rolle des biologischen Faktors in dieser Entwicklung z. T. bereits zu Beginn des ersten Weltkrieges formuliert und sie in den zwanziger und dreißiger Jahren weiter ausgearbeitet (insbesondere VIL'JAMS, 1913/1949, 1914–1919/1926, 1950, 1927/1938/1951). Diese in ihrem Kern fruchtbaren Ideen waren leider ungenügend auf Fakten begründet und trugen teilweise spekulativen Charakter. Das gilt in gewissem Umfang auch für das von VIL'JAMS Anfang der zwanziger Jahre ausgearbeitete Travopol'naja-System der Feldwirtschaft (VIL'JAMS, 1921 bis

1938/1951). VIL'JAMS ging von der Vorstellung aus, daß die Bodenfruchtbarkeit im Verlauf des „einheitlichen Bodenbildungsprozesses" durch die Wirkung einer mannigfaltigen Gras- und Krautvegetation in der Schwarzerde ihr Optimum erreiche und dieser Zustand insbesondere durch eine optimale Struktur gekennzeichnet sei. Unter Berücksichtigung des Zustandes der Landwirtschaft unmittelbar nach der Oktoberrevolution und der damals geringen Möglichkeiten einer raschen Steigerung der Mineraldüngerproduktion kam er dann zu einer Überbetonung des Anbaus strukturfördernder Gras-Leguminosen-Gemische und der Bodenbearbeitung (vgl. dazu SOKOLOV, 1962).

Die zunächst anregende und in der Praxis zumindest in bestimmten Gebieten vielfach positive Wirkung der Lehren von VIL'JAMS wurde durch ihren Universalitätsanspruch wesentlich beeinträchtigt und nach VIL'JAMS' Tode dadurch ins Negative verkehrt, daß sie von seinen Schülern und Nachfolgern zum Dogma erhoben wurden. Dadurch wurden wichtige Forschungsrichtungen gehemmt und die Bodenkunde, entgegen dem von VIL'-JAMS erstrebten Ziel, durch Diskussionen über Scheinfragen von der Erfüllung dringender Aufgaben für die Praxis abgelenkt, nicht zuletzt die Hoch- und Fachschulausbildung und die Ausbildung des wissenschaftlichen Nachwuchses durch einseitige Darstellungen der VIL'JAMSschen Lehren und Vernachlässigung wichtiger Teile der Bodenkunde und ihrer Grundlagen ernsthaft beeinträchtigt (vgl. EGOROV, 1967; GERASIMOV und ZONN, 1968). In der Praxis hat bekanntlich das Travopol'naja-System, wie insbesondere das Märzplenum des ZK der KPdSU 1962 festgestellt hat, vielfach eine unrationelle Bodennutzung begünstigt und die Einführung der Mineraldüngung, für die sich die sowjetischen Agrochemiker, an ihrer Spitze D. N. PRJANIŠNIKOV, einsetzten, gehemmt (vgl. SINJAGIN und SMIRNOV, 1962).

Man darf jedoch andererseits nicht übersehen, daß die starke Betonung des biologischen Aspektes in Bodenentwicklung und Bodenfruchtbarkeit durch VIL'JAMS einige Teildisziplinen, wie z. B. Bodenmikrobiologie, Humusforschung und die Erforschung der Bodenstruktur[18]), wesentlich gefördert und dort, aber auch auf anderen Gebieten, zu hervorragenden Forschungsergebnissen geführt hat.

Der biologische Aspekt in der sowjetischen Bodenkunde

Allerdings ist die Herausbildung einer überwiegend biologischen Richtung in der sowjetischen Bodenkunde keineswegs ausschließlich auf den Einfluß von VIL'JAMS zurückzuführen. Sie wurde bereits lange vor der

18) Außer den auf S. 16 genannten Arbeiten über die physikalischen Grundlagen der Bodenstruktur sind u. a. hervorzuheben: ACHROMEJKO (1930), SAVVINOV (1931), GEL'CER (1940), VILENSKIJ (1945), RUDAKOV (1951), KAČINSKIJ (1963).

Oktoberrevolution durch die Arbeiten von P. A. KOSTYČEV vorbereitet (vgl. KOSTYČEV, 1951; I. und L. KRUPENIKOV, 1955) und durch bodenmikrobiologische und biogeochemische Forschungen wesentlich gefördert.

Auf der Grundlage der Arbeiten hervorragender russischer Mikrobiologen wie S. N. VINOGRADSKIJ (vgl. VINOGRADSKIJ, 1952) und V. L. OMELJANSKIJ (vgl. OMELJANSKIJ, 1953) entwickelte sich in der Sowjetunion eine vielseitige Bodenmikrobiologie[19]). So wurden nicht nur die Mikroorganismenbesiedlung der Böden der UdSSR sowie die Ökologie und die Verbreitungsgesetze der Bodenmikroorganismen eingehend erforscht (MIŠUSTIN, 1947, 1966a/b; RYBALKINA, 1957; ARISTOVSKAJA, 1965), sondern auch ihre Bedeutung für die Bodenfruchtbarkeit (vgl. MIŠUSTIN, 1956, 1961) sowie der Einfluß agrotechnischer Maßnahmen auf die Bodenmikroorganismen (vgl. MIŠUSTIN, 1960).

Umfangreiche Arbeiten wurden auch den Grundlagen der Boden- und Samenimpfung mit Bakterien und Mykorrhizapilzen gewidmet (BEREZOVA und DOROSONSKIJ, 1961; vgl. dazu MIŠUSTIN und NAUMOVA, 1962; MIŠUSTIN, 1963).

Abgesehen von den gleich anschließend zu besprechenden mikrobiologischen Problemen bei der Zersetzung und den Umwandlungen der organischen Substanzen im Boden wurden besonders eingehend die mikrobielle Stickstoffbindung und die Stickstoffumsetzungen im Boden studiert (vgl. OMELJANSKIJ, 1923/1953; FEDOROV, 1952 – deutsche Übers. FEDOROW, 1960; MIŠUSTIN und ŠIL'NIKOVA, 1968), ferner die Produktion biologisch aktiver Substanzen sowie überhaupt die Probleme der Wechselwirkungen zwischen Pflanzenwurzeln und Bodenmikroorganismen einschließlich der Mykorrhiza (z. B. LOBANOV, 1953 – deutsch LOBANOW, 1960; PIDOPLIČKO, 1953; KRASIL'NIKOV, 1958; ŠEMACHANOVA, 1962; RAKITIN, 1965; KUPREVIČ und ŠČERBAKOVA, 1966).

In diesem Zusammenhang ist aber vor allem auf die Forschungen über die organische Bodensubstanz einzugehen[20]). Insbesondere wurde von J. V. TJURIN (vgl. u. a. TJURIN, 1937, 1965; vgl. ferner KONONOVA, 1962) und M. M. KONONOVA (1951 – deutsch 1958, 1963) sowie zahlreichen anderen Forschern das Humusproblem unter den verschiedensten Gesichtspunkten erforscht: Es wurden Grundfragen der Natur und Entstehung der organischen Bodensubstanz unter besonderer Berücksichtigung bodenbiologischer Vorgänge intensiv bearbeitet, bodengeographische Gesetzmäßigkeiten der Humusmengen und Humusbeschaffenheit verschiedener Bodentypen ermittelt, die Rolle der Humusstoffe bei der Bodenbildung untersucht, vor allem aber auch der Einfluß der organischen Bodensubstanz auf die fruchtbarkeitsbestimmenden Bodeneigenschaften – insbesondere die

[19]) Vgl. FEDOROV (1954), NOVOGRUDSKIJ (1956), MIŠUSTIN (1959, 1967), KONONOVA (1967).

[20]) Vgl. bes. KONONOVA (1947, 1951, 1957, 1967).

Bodenstruktur – vielseitig bearbeitet. Das Problem der Humus- und Stickstoffbilanzen der Böden unter verschiedenen Naturbedingungen, besonders aber unter dem Einfluß des Ackerbaus, das für die Maßnahmen zur Hebung der Bodenfruchtbarkeit auch unter unseren Bedingungen so große Bedeutung besitzt, hat vor allem durch I. V. TJURIN eine entscheidende Förderung erfahren (vgl. TJURIN, 1956).

Im Werk von I. V. TJURIN (vgl. KONONOVA u. a., 1965), das über das Gebiet der Humusforschung weit hinausreicht, finden wir nicht nur die biologische Grundrichtung seines Lehrers V. R. VIL'JAMS eng verschmolzen mit den besten Traditionen der bodengeographischen Schule, sondern auch eine Synthese von eingehenden experimentellen Grundlagenuntersuchungen, umfassenden bodengenetisch-bodengeographischen Geländearbeiten und Forschungen zur Steigerung der Bodenfruchtbarkeit (vgl. TJURIN, 1939/1966).

Weitere wichtige Grundlagen der biologischen Richtung in der sowjetischen Bodenkunde sind die von V. I. VERNADSKIJ begründete Biogeochemie (VERNADSKIJ, 1926 – franz. VERNADSKY, 1929 und 1954/1960; vgl. VINOGRADOV, 1963; POLYNOV, 1953/1956a; KOVAL'SKIJ und LETUNOVA, 1967) sowie die Lehre des Geobotanikers V. N. SUKAČEV von den Biogeocoenosen (vgl. u. a. SUKAČEV und DYLIS, 1964; vgl. ferner ZONN, 1965), die besonders die sowjetische forstliche Bodenkunde entscheidend beeinflußt hat (vgl. ZONN, 1957, 1967). Nimmt man noch die von B. B. POLYNOV begründete Lehre von den geochemischen Landschaften hinzu (vgl. POLYNOV, 1946/1956a, 1956b; GLAZOVSKAJA, 1964; PEREL'MAN, 1966; vgl. auch PARFENOVA, 1963), in welcher biologische, bodenkundliche und geologisch-geographische Gesichtspunkte vereinigt sind, und berücksichtigt man ferner die mit der Bodenkunde eng verbundene sowjetische Landschaftsökologie (vgl. BILLWITZ, 1963), so ergibt sich eine für die Sowjetwissenschaft kennzeichnende enge Verbindung von Biologie und Geowissenschaften, die von der so fruchtbaren These DOKUČAEVS ausgeht, daß Boden, Vegetation und Landschaft eine Einheit bilden und daß die Bodenkunde „im Mittelpunkt der Lehre von den Zusammenhängen zwischen der lebenden und toten Natur" stehe (DOKUČAEV, 1899/1951, S. 399).

Als eine solche theoretisch und in naher Zukunft wahrscheinlich auch praktisch sehr bedeutsame komplexe Forschungsrichtung möchte ich die besonders auch von Bodenkundlern wie N. P. REMEZOV (vgl. REMEZOV u. a., 1959), S. V. ZONN (vgl. ZONN, 1954 – deutsch SONN, 1960 –, 1964), V. N. MINA (1954), V. A. KOVDA und N. I. BAZILEVIČ (vgl. KOVDA, 1956; BAZILEVIČ, 1962/1965) sowie zahlreichen anderen Forschern durchgeführten Arbeiten über den biologischen Stoffkreislauf nennen, die der Sowjetwissenschaft eine international führende Stellung in der Produktionsbiologie eingebracht und in jüngster Zeit in der Monographie von L. E. RODIN und N. I. BAZILEVIČ „Dynamik der organischen Substanz und der biologische Kreislauf der Aschenelemente und des Stickstoffs in den Hauptvegetationstypen der Erde" (RODIN und BAZILEVIČ, 1965) eine zusammenfassende Darstellung gefunden haben.

Stationäre Untersuchungen der Bodenprozesse

Mit den Untersuchungen zum biologischen Stoffkreislauf ist ein weiteres für die heutige sowjetische Bodenkunde kennzeichnendes Moment berührt – nämlich die umfassende Erforschung der in den Böden ablaufenden Stoff- und Energiewechselvorgänge mit Hilfe langjähriger stationärer Beobachtungen. In der Wasserhaushaltsforschung wurden solche Messungen bereits in der Vorrevolutionszeit von G. N. VYSOCKIJ (vgl. VYSOCKIJ, 1962), später von N. A. KAČINSKIJ (1925), I. S. VASIL'EV, A. A. MOLČANOV, A. A. RODE und vielen anderen Forschern[21] in breitem Maße angewandt. Große Gemeinschaftsarbeiten über die Wechselwirkungen zwischen Wald und Boden wurden vor allem von V. N. SUKAČEV sowie von N. P. REMEZOV organisiert[22]), wozu auch die oben erwähnten Arbeiten über den biologischen Stoffkreislauf gehören. Auch die Zusammensetzung der Bodenlösung wurde ständig verfolgt (vgl. besonders SKRYNNIKOVA, 1959, 1961).

In neuester Zeit wird der Erfassung der in den Böden ablaufenden Prozesse immer größere Aufmerksamkeit geschenkt (vgl. ABRAMOVA und FEDOROVA, 1963; RODE, 1963) Man erblickt darin mit Recht ein entscheidendes Mittel, um meliorative und ackerbauliche Maßnahmen nicht nur zweckmäßig auswählen und richtig anwenden, sondern auch in ihrer Wirkung vorausberechnen zu können (vgl. EGOROV und LETUNOV, 1966). Darüber hinaus geht es darum, zur Kenntnis entscheidender Gesetzmäßigkeiten vorzudringen, die geeignet sind, den Empirismus nicht nur in der Bodenkunde selbst, sondern auch im Ackerbau und Meliorationswesen zu überwinden (vgl. EGOROV, 1967).

Gegenwärtige bodengenetische Grundauffassungen und ihre Widerspiegelung in der Bodenklassifikation

Auch in der sowjetischen Bodenklassifikation werden die in den Böden ablaufenden Prozesse entscheidend berücksichtigt. Man geht dabei von der These aus, daß der Boden und seine Eigenschaften das Ergebnis des Wirkens im Boden ablaufender Prozesse sind, welche durch die Umweltbedingungen und die gesellschaftliche Arbeit gesteuert werden (vgl. NEUSTRUEV.

[21]) Vgl. Anm. 16.

[22]) Vgl. SUKAČEV und DYLIS (1964), ZONN (1954 – deutsch SONN, 1960 – 1955, 1957, 1965, 1967), REMEZOV u. a. (1959).

1926; RODE, 1947; VOLOBUEV, 1963; GERASIMOV, 1964). Dabei schenkt man auch den Prozessen Beachtung, welche die Böden mit den übrigen Komponenten der Biogeocoenosen und Landschaften verbinden (RODE, 1947; POLYNOV, 1947b und 1948b/1956a; ZONN, 1963), und bezieht auch zunehmend den historischen Gang der Bodenentwicklung ein (KOVDA, 1932, 1965).

Entsprechend der marxistischen Auffassung, daß es Aufgabe naturwissenschaftlicher Klassifikationen sein muß, in der Natur bestehende innere Zusammenhänge und Unterschiede sichtbar zu machen, versucht man diese genetischen Beziehungen in der Bodenklassifikation zum Ausdruck zu bringen[23]). Das zeigt sich in der Definition der Bodentypen ebenso wie in der Bildung geochemischer Assoziationen (GLAZOVSKAJA, 1966), bioklimatischer Klassen (ROZOV, 1956; ROZOV und IVANOVA, 1967a) oder bio-physikochemischer Reihen (ZONN, 1963; ROZOV und IVANOVA, 1967a), welche durch den Charakter der organischen Bodensubstanz, die Ionenbelegung der Bodenkolloide und andere die bodenbildenden Prozesse kennzeichnenden Bodeneigenschaften charakterisiert sind, oder stadialer Bodengruppen, die den historischen Entwicklungsgang zum Ausdruck bringen (KOVDA, LOBOVA und ROZANOVA, 1967). Demgegenüber geht man in den USA von der positivistischen Auffassung aus, daß Klassifikationen in erster Linie der zweckmäßigen Ordnung von Erscheinungen zu dienen haben, und strebt vor allem danach, die taxonomischen Einheiten nach leicht feststellbaren Merkmalen zu definieren und zu gliedern. Genetischen Vorstellungen gibt man zwar bei der Auswahl der Kriterien Raum, ist jedoch bereit, die genetische Einheitlichkeit der Gruppen zu opfern, wenn dadurch Erleichterungen in der Handhabung erkauft werden (vgl. EHWALD, 1965).

Ein weiteres wesentliches Merkmal der sowjetischen Bodengenetik und Bodensystematik ist die Berücksichtigung des Einflusses der gesellschaftlichen Arbeit auf die Böden. Dieses Problem, das von DOKUČAEV und seinen Schülern entsprechend dem damaligen Stand der Produktivkräfte nur am Rande behandelt worden war, erlangte nach der Oktoberrevolution in der Sowjetunion um so größere Bedeutung, je mehr die sowjetische Landwirtschaft die Schranken der alten bäuerlichen Bodenbewirtschaftung durchbrach und je mehr ihr neue, mächtige Produktionsmittel zur Verfügung standen. Daher wurde seit den 30er Jahren der Einfluß der gesellschaftlichen Arbeit auf die Bodenentwicklung sowohl durch Vertreter der agronomischen wie der genetischen Bodenkunde, wie z. B. N. P. KARPINSKIJ, V. A. FRANCESON, N. L. BLAGOVIDOV, I. F. GARKUŠA,

23) Vgl. bes. PRASOLOV (1936), GERASIMOV u. a. (1939), ROZOV (1956), GERASIMOV und IVANOVA (1958), IVANOVA und ROZOV (1960), ZONN (1963), VOLOBUEV (1964), GERASIMOV (1964), GLAZOVSKAJA (1966), ROZOV und IVANOVA (1967a, b), EGOROV u. a. (1967), KOVDA u. a. (1967).

A. A. ZAVALIŠIN, G. I. GRIGOR'EV u. a. immer mehr erforscht und seine theoretischen Aspekte immer lebhafter diskutiert[24]). Neuerdings werden die durch gesellschaftliche Arbeit bedingten Veränderungen abweichend von dem Vorgehen in den USA und Westeuropa auch in der Bodenklassifikation durch die Ausscheidung eigener Einheiten für ackerbaulich stärker abgewandelte Böden sowie die Einführung sogenannter Kultivierungsgrade immer umfassender berücksichtigt (vgl. GRIGOR'EV und FRIDLAND, 1964). Damit wird auch in der Bodenklassifikation als der theoretischen Zusammenfassung des bodenkundlichen Wissens eine erste Synthese der Ergebnisse der genetisch-geographischen und agronomischen Richtung erreicht.

Schluß

Der dem Vortrag gesteckte Rahmen verbietet es, weitere wichtige Ergebnisse und Probleme der sowjetischen Bodenkunde anzuführen. Ich möchte daher zum Schluß noch einmal kurz zu formulieren suchen, was mir in der Entwicklung der sowjetischen Bodenkunde am wesentlichsten und welche ihrer Ergebnisse mir international und für uns in der Deutschen Demokratischen Republik am bedeutsamsten erscheinen.

Das Wichtigste liegt zunächst darin, daß die von genialen, ihrer Zeit z. T. weit vorauseilenden Forschern begründete, aber durch ihre klassengebundene Aufgabenstellung gehemmte und mehr oder minder einseitig entwickelte russische Bodenkunde der Vorrevolutionszeit sich nach der Oktoberrevolution zu einer wirklichen Produktivkraft entwickelt hat. Dabei haben offensichtlich zwei Faktoren die entscheidende Rolle gespielt. Zum ersten die großen gesellschaftlichen Aufgaben, welche die Kommunistische Partei und der Sowjetstaat auch der Bodenkunde immer wieder gestellt haben und stellen, Aufgaben, die weitreichende Gemeinschaftsarbeiten verschiedener Spezialisten geradezu erzwangen und die sowohl vor der angewandten wie der Grundlagenforschung immer neue und immer größere Probleme aufwarfen. Zum anderen wurde auch die Entwicklung der sowjetischen Bodenkunde getragen von dem gewaltigen Strom der Kräfte, welche die Oktoberrevolution freigemacht hat. Sie finden ihren Ausdruck im Heranwachsen einer großen Schar junger Wissenschaftler und für die Ergebnisse der Wissenschaft aufgeschlossener Praktiker, in der Bereitschaft zu großen persönlichen Anstrengungen und Opfern, die gerade die bodenkundlichen Geländearbeiten in den riesigen Gebieten der Sowjetunion verlangen, und sie finden ihren Ausdruck nicht zuletzt in dem leidenschaftlichen Ringen um die großen Grundfragen des Fachgebietes.

[24]) Vgl. u. a. KARPINSKIJ (1933), FRANCESON (1934/1963), BLAGOVIDOV (1948), GARKUŠA (1955, 1956), ZAVALIŠIN und NADEŽDIN (1957), LIVEROVSKIJ (1962), GRIGOR'EV und KONOVALOVA (1963).

International haben zahlreiche Ergebnisse der sowjetischen Bodenkunde, insbesondere der Bodengenetik, Bodengeographie, Humusforschung und Bodenhydrologie große Bedeutung. Besonders wichtig erscheint mir jedoch, daß in der Sowjetunion theoretische Grundprobleme der Bodenkunde, die in vielen Ländern lange Zeit mehr oder minder vernachlässigt oder einseitig behandelt wurden, umfassend weiterentwickelt worden sind, und zwar auf der Grundlage des dialektischen und historischen Materialismus. Die von DOKUČAEV übernommene Konzeption von den Böden als besonderen sich unter dem Einfluß der Umweltfaktoren entwickelnden Naturkörpern und von dem untrennbaren Zusammenhang zwischen Boden und Landschaft wurde insbesondere nach der biologisch-ökologischen und historisch-genetischen Seite vertieft, vor allem aber wurde sie durch die Erforschung des Einflusses der gesellschaftlichen Arbeit und damit der Produktivkräfte und Produktionsverhältnisse der die Böden nutzenden Gesellschaft ergänzt. Aus dieser Grundauffassung ergibt sich die Folgerung, daß die immer rationellere Nutzung der Bodenreserven und die immer weitere Steigerung der Bodenfruchtbarkeit zweierlei voraussetzen: zum ersten ein tiefes Verständnis der Gesetzmäßigkeiten der Bodenentwicklung, der gesamten geographischen Bedingungen sowie der fruchtbarkeitsbestimmenden Bodeneigenschaften und Bodenprozesse in ihrer Wechselwirkung mit den biologischen Gesetzmäßigkeiten des Pflanzenwachstums, zum anderen ein ebenso gründliches Verständnis für die ökonomischen und darüber hinaus die politischen und ideologischen Bedingungen und Gesetzmäßigkeiten der Einwirkung der Gesellschaft auf den Boden.

Unter diesem Gesichtspunkt muß auch die über die Grenzen der UdSSR hinausreichende Tätigkeit der sowjetischen Bodenkundler gesehen werden, seien es ihre theoretischen Untersuchungen über die Bodenreserven der Welt und die Widerlegung des Neomalthusianismus[25]), seien es vor allem die umfangreichen Forschungen in befreundeten Ländern wie z. B. in Vietnam (FRIDLAND, 1964) oder in Kuba (ZONN, 1968), welche dazu bestimmt sind, zu einer Steigerung der landwirtschaftlichen Produktion und zu einer besseren Ernährung der Bevölkerung und damit zur ökonomischen und politischen Stärkung dieser Staaten beizutragen.

Viele Ergebnisse der sowjetischen Bodenkunde haben für die Steigerung der Bodenfruchtbarkeit in unserem Lande unmittelbare Bedeutung. Einige wurden bereits genannt, so die wichtigen Arbeiten von I. V. TJURIN und M. M. KONONOVA über die Bilanzierung des Humus- und Stickstoffhaushaltes der Böden, oder die umfangreichen Erfahrungen der sowjetischen Meliorationsbodenkunde und Bodenkartierung. Aus der großen Zahl der Forschungsergebnisse, die zur Lösung unserer eigenen Aufgaben unmittelbar beitragen, möchte ich hier nur noch wichtige Ergebnisse sowjetischer Bodenphysiker über die Anwendung von chemischen Bodenverbesserungs-

[25]) Vgl. S. 14/15

mitteln (vgl. VERŠININ, 1960; KAČINSKIJ, 1965, S. 278ff.) sowie über Grundlagen der Bodenbearbeitung (vgl. BACHTIN, 1954; BAKHTIN u. a., 1968) hervorheben.

Voraussetzungen für die breite Nutzung dieser Ergebnisse und Erfahrungen in der Landwirtschaft der DDR waren die grundlegenden gesellschaftlichen Umwälzungen von der demokratischen Bodenreform bis zur Herausbildung der sozialistischen Produktionsverhältnisse, die heute in den landwirtschaftlichen Produktionsgenossenschaften und volkseigenen Gütern sowie in vielfältigen Formen von Kooperationsbeziehungen ihren Ausdruck finden.

Mit Dankbarkeit gedenken wir der großen Hilfe und Unterstützung, die die Sowjetunion uns in allen Etappen dieser Entwicklung gewidmet hat.

Aufbauend auf den umfassenden Erfahrungen der Partei LENINs entwickelte die Sozialistische Einheitspartei Deutschlands unter unseren besonderen Bedingungen eine den Interessen des ganzen deutschen Volkes entsprechende Agrarpolitik. Wesentlicher Bestandteil dieser Politik sind die Beschlüsse und Maßnahmen zur Intensivierung der Landwirtschaft. Wie ein roter Faden zieht sich seit vielen Jahren durch die Dokumente unserer Partei die Forderung, die Fruchtbarkeit unserer Böden zu steigern und das wichtigste Produktionsmittel unserer Landwirtschaft, den Boden, optimal zu nutzen.

Davon ausgehend erarbeitete die Agrarwissenschaft Empfehlungen zur Erhaltung und Steigerung der Bodenfruchtbarkeit, die in bedeutsamen Beschlüssen der Regierung ihren Niederschlag fanden. Sie führten zum ständigen Wachstum der Produktion und damit der ökonomischen Kraft unserer sozialistischen Landwirtschaftsbetriebe.

Wir werden der Bodenfruchtbarkeit auch in Zukunft größte Aufmerksamkeit widmen, denn die „entwickelte sozialistische Gesellschaft" wird, wie das Manifest des VII. Parteitages der Sozialistischen Einheitspartei Deutschlands an die Bürger der Deutschen Demokratischen Republik feststellt, „durch eine Landwirtschaft gekennzeichnet sein, die nach wissenschaftlichen Erkenntnissen und industriellen Methoden organisiert ist und sich durch hohe Bodenfruchtbarkeit und stabile Erträge auszeichnet". Die Agrarwissenschaftler der Deutschen Demokratischen Republik sind sich ihrer Verantwortung bewußt, dafür einen ausreichenden wissenschaftlichen Vorlauf zu schaffen.

Das wird um so besser gelingen, je intensiver wir die Ergebnisse und Erfahrungen der sowjetischen Bodenkunde auswerten und unter unseren Bedingungen anwenden. Besonders bedeutsam scheint mir dabei das Vorbild der sowjetischen Bodenkunde in zweierlei Richtung zu sein: Zum ersten sollten wir uns bemühen, die Verbindungen zwischen der Bodenkunde und den an sie angrenzenden biologischen und Geowissenschaften ebenso fruchtbar zu gestalten, wie das in der Sowjetunion vielfach der Fall ist, und zum zweiten sollten wir alles daransetzen, die Zusammenarbeit zwischen Bodenkunde, Agrochemie, Ackerbau und Meliorationswissenschaft so auszubauen, daß auch bei uns die Bodenkunde zu einer so entscheidenden wissenschaftlichen Grundlage der Feldwirtschaft wird, wie das in der Sowjetunion bereits erreicht wurde.

Damit werden wir zu unserem Teil dazu beitragen, die wissenschaftlich-technische Revolution zu meistern, denn „vor allem auf diesem Gebiet fällt“, wie der 1. Sekretär des ZK der SED und Vorsitzende des Staatsrates der DDR, Walter ULBRICHT, auf dem VII. Parteitag sagte, „die Entscheidung über die weitere Festigung und Stärkung unserer Arbeiter- und Bauern-Macht. Hier leisten wir in Zusammenarbeit mit der Sowjetunion und den anderen sozialistischen Bruderländern den entscheidenden Beitrag für die Entwicklung des Sozialismus im nationalen und internationalen Maßstab und damit für die Sicherung des Friedens“ (ULBRICHT, 1967, S. 99). Die Wissenschaft ist in der Auseinandersetzung zwischen den beiden Weltsystemen zu einem entscheidenden Faktor geworden. Mit ganzer Kraft um echte Spitzenleistungen in der Forschung zu ringen ist uns deshalb eine ehrenvolle Verpflichtung.

Eine wichtige Voraussetzung dafür ist eine sinnvolle, auf die Schwerpunkte der agrarwissenschaftlichen Forschung orientierte Zusammenarbeit zwischen der Agrarwissenschaft der Sowjetunion und unserer Deutschen Demokratischen Republik, damit wir durch Arbeitsteilung und Kooperation die Forschungsmöglichkeiten unserer beiden Länder voll ausschöpfen. Wir sind überzeugt, daß der Vertragsabschluß zwischen der Allunions-Lenin-Akademie der Landwirtschaftswissenschaften und der Deutschen Akademie der Landwirtschaftswissenschaften zu Berlin diese Zusammenarbeit festigen und vertiefen wird. Die Agrarwissenschaftler des ersten deutschen Arbeiter-und-Bauern-Staates werden ihr ganzes Wissen und Können einsetzen, um in dieser gemeinsamen Arbeit in Ehren zu bestehen.

Möge diese Festsitzung, die dem 50. Jahrestag der Oktoberrevolution gewidmet ist und die zugleich die unverbrüchliche Freundschaft zwischen unseren Völkern zum Ausdruck bringt, auch die Freundschaft und Zusammenarbeit der sowjetischen und deutschen Agrarwissenschaftler weiter vertiefen und festigen im Dienste der großen Aufgaben, welche der weitere Aufbau des Sozialismus und Kommunismus in unseren Ländern stellt und die zugleich dem höchsten Ziel dienen, für das die Große Sozialistische Oktoberrevolution vor 50 Jahren den Weg bereitet hat: der Befreiung der Menschheit von Elend und Ausbeutung, dem friedlichen Wachstum einer sozialistischen Menschengemeinschaft.

Literatur

ABRAMOVA, M. M.; FEDOROVA, N. M.: Soveščanie po metodam stacionarnych issledovanij počvennych processov. Počvovedenie 1963, Nr. 6, S. 111–114.

AFANAS'EVA, E. A.: Černozemy Sredne-Russkoj vosvyšennosti. Moskva, Izd. „Nauka“, 1966

ANTIPOV-KARATAEV, I. N.: Dvatcat' let razvitija chimičeskich issledovanij počv v SSSR. Počvovedenie 1937, Nr. 9, S. 1279–1330

ANTIPOV-KARATAEV, I. N.: Učenie o počve kak polidispersnoj sisteme i ego razvitie v SSSR za 25 let (1927–1942). Počvovedenie 1943, Nr. 6, S. 3–26. Forts. u. d. Titel: Izmenenija dispernosti počvennych mass i voprosy praktičeskogo ich ispol'zovanija. Ebenda, Nr. 7, S. 3–17

ANTIPOV-KARATAEV, I. N. (Hrsg.): Sovremennye metody issledovanija fisiko-chimičeskich svojst počv. Rukovodstvo dlja polevych i laboratornych issledovanij počv. T. 4, Vyp. 1–3. Moskva-Leningrad, Izd. Akad. Nauk SSSR, 1945–1948

ANTIPOV-KARATAEV, I. N.: Ob uspechach i zadačach chimii počv v SSSR v svjazi s 30 letniem Sovetskoj vlasti. Počvovedenie 1947, Nr. 10, S. 600–607

ANTIPOV-KARATAEV, I. N.: Bor'ba protiv neomal'tuzianstva-bor'ba za mir. Počvovedenie 1953, Nr. 2, S. 1–12

ANTIPOV-KARATAEV, I. N.: Chimija i fiziko-chimija počv v SSSR. Počvovedenie 1957, Nr. 11, S. 28–42

ANTIPOV-KARATAEV, I. N.; KELLERMAN, V. V.; CHAN, D. B.: O počvennom agregate i metodach ego issledovanija. Moskva-Leningrad, Izd. Akad. Nauk SSSR, 1948

ANTIPOV-KARATAEV, I. N.; RABINERSON, A. I.: Počvennye kolloidy i metody ich izučenija. Tr. leningr. Labor. In-ta. Agropočvov. Akad. sel'skochozj. Nauk Nr. 10, 1930

ARISTOVSKAJA, T. V.: Mikrobiologija podzolistych počv. Moskva-Leningrad, Izd. „Nauka“, 1965

ASKINAZI, D. L.: Fosfatnyj režim i izvestkovanie počv s kisloj reakciej. Moskva-Leningrad, Izd. Akad. Nauk SSSR, 1949

AVDONIN, N. S.: Dostiženija sovetskoj agrochimii za 40 let (1917–1957 gg). Udobrenie i Urožaj 1957, Nr. 10, S. 1–12

ACHROMEJKO, A.: Struktura počvy. Moskva-Leningrad, Goz. sel'skochozj. Izd., 1930

BACHTIN, P. U.: Dinamika fiziko-mechaničeskich svojstv počv v svjazi s voprosami ich obrabotki. Tr. počv. In-ta im. DOKUČAEVA 1954, Nr. 45, S. 43–215.

BAKHTIN, P. U.; KIRTBAYA, Yu. K.; NIKOLAEVA, I. N.; VOLOTSKAYA, V. I.: Resistance of soils in the USSR to deformation and ploughing. In: 9th Internat. Congr. Soil Sci. Trans. Adelaide, Australia, 1968, 1, Sydney, London, Melbourne, Internat. Soc. Soil Sci. – Angus a. Robertson, 1968, S. 781–792

BAZILEVIČ, N. I.: Obmen mineral'nych ėlementov v različnych tipach stepej i lugov na černozemnych, kaštanovych počvach i soloncach. In: Problemy počvovedenija. Moskva, Izd. Akad. Nauk SSSR, 1962, S. 148–206

BAZILEVIČ, N. I.: Geochimija počv sodovogo zasolenija. Moskva, Izd. „Nauka“, 1965

BELONOŽKO, I. I.; PONAGAJBO, N. D.: Osnovnye principy i metodika sostavlenija počvenno-agrochimičeskich kart v celjach planirovanija agrotechničeskich meroprijatij v MTS i kolchozach. Počvovedenie 1937, Nr. 7, S. 948–954

BEREZOVA, E. F.; DOROSINSKIJ, L. M. (Hrsg.): Bakterial'nye udobrenija. Leningrad-Moskva, Izd. sel'skochozj. Lit. Žurn., Plakatov, 1961

BEZSONOV, A. I.; BOROVSKIJ, V. M.; SOKOLOV, A. A.; STOROŽENKO, D. M.; USPANOV, U. U. (Hrsg.): Počvy Kazachskoj SSR v 16 vypuskach. Alma-Ata, Izd. Akad. Nauk KAZSSR, 1960ff.

BILLWITZ, K.: Die sowjetische Landschaftsökologie. Petermanns geogr. Mitt. 107 (1963), S. 74–79

BLAGOVIDOV, N. L.: Okul'turivanie podzolistych počv. Tr. počv. In-ta im. DOKUČAEVA 1948, Nr. 27, S. 218–237

BOBKO, E. V.: Raboty po mikroelementam (1934–1950). In: E. V. BOBKO: Izbrannye sočinenija. Moskva, Izd. sel'skochozj. Lit., Žurn., Plakatov, 1963, S. 216–352

BOL'ŠAKOV, A. F.: Vodnyj režim moščnych černozemov Sredne-Russkoj vosvyšennosti. Moskva, Izd. Akad. Nauk SSSR, 1961

BOL'ŠAKOV, A. F.; PAK, K. P.: Razvitie sovetskoj počvenno-meliorativnoj nauki v oblasti melioracii soloncov. Počvovedenie 1967, Nr. 12, S. 23–36

BRESHNEW, L. I.: Unsere Zeit im Zeichen des wachsenden Einflusses des Sozialismus. Rechenschaftsbericht des ZK der KPdSU an den XXIII. Parteitag. 29. März bis 8. April 1966. Schlußwort. Beschlüsse. Berlin, Dietz Verl., 1966

BREŽNEV, D. D.: Vsesojuznaja ordena Lenina akademija sel'skochozchajstvennych nauk imeni V. I. Lenina. Vestn.sel'skochozj. Nauki 1957, Nr. 7, S. 13–26

BUŠINSKIJ, V. P.; ALEKSANDROV, B. A.: Vasilij Rotertovič VIL'JAMS. Moskva, Izd. Mosk. Obšč. Izpytatel'ej Prirody, 1950

ČERNAVIN, A. S.; KARPINSKIJ, N. P.: Osnovnye itogi naučnoj raboty Vsesojuznogo naučno-issledovatel'skogo instituta udobrenij i agropočvovedenija. Udobrenie i Urožaj 1957, Nr. 10, S. 26–35

ČERNOV, V. A.: O prirode počvennoj kislotnosti. Moskva-Leningrad, Izd. Akad. Nauk SSSR, 1947

CHRUSCHTSCHOW, N. S.: Rechenschaftsbericht des Zentralkomitees der KPdSU an den XX. Parteitag. Berlin, Dietz Verl., 1956

DOBROVOL'SKIJ, G. V.: ALEKSEJ NIKOLAEVIČ SABININ. Moskva, Izd. mosk. Un-ta, 1959

DOJARENKO, A. G.: Izbrannye sočinenija. Moskva, Izd. sel'skochozj. Lit., Žurn., Plakatov, 1963

DOKUČAEV, V. V.: K učeniju o zonach prirody. S. Petersburg, 1899; zit. n. V. V. DOKUČAEV 1949–1961, Bd. 6, 1951, S. 398–414

DOKUČAEV, V. V.: Sočinenija. Moskva-Leningrad, Bd. 1–9, Izd. Akad. Nauk, 1949–1961

DOKUČAEV, V. V.: Zones naturelles des sols. Zones agricoles. Sols du Caucase. S. Petersburg, 1900; zit. n. V. V. DOKUČAEV 1949–1961, Bd. 6, 1951, S. 493–525

DOLGOV, S. J.: Issledovanija podvižnosti počvennoj vody i ee dostupnosti dlja rastenij. Moskva-Leningrad, Izd. Akad. Nauk SSSR, 1948

DUBACH, A. D.: Les kak gidrologičeskij faktor. Moskva-Leningrad, Goslesbumizdat, 1951

EGOROV, V. V.: O pričinach otstavanija i nekotorych zadačach počvovedenija. (Otklik na statju K. P. GORŠENINA, opublikovannuju v žurnale Počvovedenije, Nr. 12, 1965 g.). Počvovedenie 1967, Nr. 4, S. 141–147

EGOROV, V. V.: Razvitie počvovedenija v SSSR. Počvovedenie 1967, Nr. 9, S. 3–10

EGOROV, V. V.: LETUNOV, P. A.: Sostojanie meliorativnogo počvovedenija i voprosy metodiki počvenno-meliorativnych issledovanij dlja obosnovanija proektov orošenija i melioracii zasolennych zemel'. Počvovedenie 1966, Nr. 12, S. 1–10

EGOROV, V. V.; MINAŠINA, N. G.: Melioracija zasolennych počv i meliorativnoe počvovedenie v SSSR. Počvovedenie 1967, Nr. 11, S. 3–18

EGOROV, V. V.; LOBOVA, E. V.; NOGINA, N. A.; NOSIN, V. A.; FRIDLAND, V. M.; ŠUVALOV, S. A. (Hrsg.): Ukazanija po klassifikacii i diagnostike počv. Vyp. 1–5. Moskva, Izd. „Kolos", 1967

EHWALD, E.: ALEXANDER VON HUMBOLDT und V. V. DOKUČAEV. Thaer-Arch. 4 (1960), S. 561–582

EHWALD, E.: Die neue amerikanische Bodenklassifikation. Sitz.-Ber. Dt. Akad. Landwirtsch.-Wiss. Berlin 14 (1965), H. 12

EHWALD, E.: Die großmaßstäbliche landwirtschaftliche Boden- und Standortkartierung und ihre Auswertung. Fortschrittsber. Landwirtsch. 6 (1968), H. 6

FEDOROV, M. V.: Biologičeskaja fiksacija azota atmosfery. Moskva, Goz. Izd. sel'skochozj. Lit., 1952

FEDOROV, M. V.: Počvennaja mikrobiologija. Moskva, Goz. Izd. „Sovetsk. Nauka", 1954

FEDOROW, M. W.: Biologische Bindung des atmosphärischen Stickstoffs. Übers. B. FECHNER. Berlin, Dt. Verl. Wiss., 1960

FILINA, R.; HAMMER, C.; PEITZ, W.; SMELKUS, W.: Entwicklung der sozialistischen Landwirtschaft in der UdSSR. Dt. Akad. Landwirtsch.-Wiss. Berlin, Inst. Landwirtsch. Inform. u. Dokument., Landwirtsch. Inform. 1967, Nr. 19

FRANCESON, V. A.: Charakteristika počv i počvennye rajony lesostepnoj zony evropejskoj časti SSSR v svjazi s chimizaciej. Vestn. sel'skochozj. Nauki 5 (1940); zit. n. V. A. FRANCESON, Izbr. Tr., Moskva, Izd. sel'skochozj. Lit., Žurn., Plakat. 1963, S. 152–224

FRANCESON, V. A.: Ob okul'turennosti i okul'turivanii počv. Chimizacija soc. Zemled. 1934; zit. n. V. A. FRANCESON, Izbr. Tr., Moskva, Izd. sel'skochozj. Lit., Žurn., Plakat. 1963, S. 137–151

FRIDLAND, V. M.: Počvy i kory vyvetrivanija vlažnych tropikov (na primere Severnogo V'etnama). Moskva, Izd. „Nauka", 1964

FRIDLAND, V. M.: Issledovanija I. P. GERASIMOVA v oblasti počvovedenija. In: Genezis i geografija počv. Moskva, Izd. „Nauka", 1966, S. 3–16

FRIDLAND, V. M.: Izučenie počvennogo pokrova i razvitie počvovedenija. In: Razvitie nauki o zemle v SSSR. Moskva, Izd. „Nauka", 1967, S. 401–418

FRIDLAND, V. M.; GRIGOR'EV, G. I.: Ob agroproizvodstvennych gruppirovkach počv i ich roli v ulučšenii ispol'zovanija zemel'nych fondov. Počvovedenie 1967, Nr. 8, S. 3–16

GAFAROV, B. G.: Žurnalu „Počvovedenie" šestdesjat pjat'let. Počvovedenie 1964, Nr. 10, S. 127–131

GARKUŠA, I. F.: Izmenenie dernovo-podzolistych počv pod vlijaniem okul'turivanija. Počvovedenie 1955, Nr. 4, S. 33–47

GARKUŠA, I. F.: Okul'turivanie počv kak sovremennyj ėtap počvoobrazovanija. Gorki, Izd. beloruss. sel'skochozj. Akad. BSSR, 1956

GAVRILJUK, F. J.: Polevoe issledovanie i kartirovanie počv. Moskva, Izd. „Vysšaja škola", 1963

GEDROIZ, K. K.: Chemische Bodenanalyse. Methoden und Anleitung zur Untersuchung von Böden im Laboratorium. Aus d. Russ. übers. L. FREY. Berlin, Verl. Gebr. Bornträger, 1926
GEDROIZ, K. K.: Der adsorbierende Bodenkomplex und die adsorbierten Bodenkationen als Grundlage der genetischen Bodenklassifikation. Nach d. 2. Aufl. d. Originals übers. v. K. KURON. Kolloidchem. Beih. 29 (1929), S. 149–260
GEDROIZ, K. K.: Die Lehre vom Adsorptionsvermögen der Böden. Nach d. 2. Aufl. d. russ. Originals aus d. Russ. übers. v. H. KURON. Sonderausg. Kolloidchem. Beih., Dresden u. Leipzig, Verl. Th. Steinkopff, 1931
GEDROJC, K. K.: Chimičeskij analiz počvy. Moskva-Leningrad, 1923; 4. Aufl. 1935; zit. n. K. K. GEDROJC 1955, T. 2
GEDROJC, K. K.: Počvennyj pogloščajuščij kompleks i počvennye pogloščennye kationy kak osnova genetičeskoj počvennoj klassifikacii. NKZ, Nosovskaja sel'skochozj. opytn. Stancija, Otd. Agrochim., Leningrad 38 (1925), S. 3–35; 2. Izd. ebenda vyp. 47 (1927)
GEDROJC, K. K.: Solonecy, ich proizchoždenie, svojstva i melioracija. Leningrad, 1928; zit. n. K. K. GEDROJC 1955, T. 3, S. 299–355
GEDROJC, K. K.: Osolodenie počv. Leningrad, 1926; zit. n. K. K. GEDROJC 1955, T. 1, S. 458–494
GEDROJC, K. K.: Učenie o pogloščatel'noj sposobnosti počv. Petrograd, 1922; 2. Aufl. Moskva-Leningrad, 1929; 3. Aufl. ebenda, 1932; zit. n. K. K. GEDROJC 1955, T. 1, S. 243–384
GEDROJC, K. K.: Izbrannye sočinenija. T. 1–3, Moskva, Goz. Izd. sel'skochozj. Lit., 1955
GEL'CER, F. Ju.: Značenie mikroorganizmov v obrazovanii peregnoja i pročnosti struktur počvy. Moskva-Leningrad, Sel'chozgiz., 1940
GERASIMOV, I. P.: SERGEJ SEMENOVIČ NEUSTRUEV. Žizn', dejatel'nost' i značenie ego naučnych rabot dlja razvitija Dokučaevskogo počvovedenija. Tr. počv. In-ta. im. V. V. DOKUČAEVA 30 (1949a), S. 23–37
GERASIMOV, I. P.: Koričnevye počvy suchich lesov i kustarnikov lugostepej. Tr. počv. In-ta. im. V. V. DOKUČAEVA 30 (1949b), S. 213–233
GERASIMOV, I. P.: Gosudarstvennaja počvennaja karta SSSR i sovremennye zadači sovetskoj kartografii počv. Počvovedenie 1950, Nr. 4, S. 195–206
GERASIMOV, I. P.: Počvennaja karta mira. Priroda 1956, Nr. 10, S. 5–13
GERASIMOV, I. P.: Raboty akad. L. I. PRASOLOVA po sostavleniju mirovoj počvennoj karty. In: Voprosy genezisa i geografii počv. Moskva, Izd. Akad. Nauk SSSR, 1957, S. 29–36
GERASIMOV, I. P.: Sovremennyj dokučaevskij podchod k klassifikacii počv i ego primenenie na počvennych kartach SSSR i mira. Počvovedenie 1964, Nr. 6, S. 1–14
GERASIMOV, I. P.: Počvennaja karta mira i naučnye voprosy svjazannye c neju. Počvovedenie 1966, Nr. 4, S. 1–14
GERASIMOV, I. P.: Zemel'nyj fond SSSR i zadači nauki po ego izučenija, melioracii i ispol'zovanija. Vestn. Akad. Nauk SSSR 1966, Nr. 9, S. 3–17
GERASIMOV, I. P.; FRIDLAND, V. M. (Hrsg.): Učet i agroproizvodstvennye gruppirovki zemel'nych resursov SSSR. Moskva, Izd. „Nauka", 1967
GERASIMOV, I. P.; IVANOVA, E. N.: Tri naučnych napravlenija v razrabotke obščich voprosov klassifikacii počv i ich vzaimnye svjazi. Počvovedenie 1958, Nr. 11, S. 1–18

GERASIMOV, I. P.; IVANOVA, E. N.; NOSIN, V. A.: Zadači i metody krupnomasštabnogo kartirovanija počv v svjazi s učetom i kačestvennoj ocenkoj zemel'nych resursov strany. Počvovedenie 1954, Nr. 6, S. 9–21. Diskussionsbemerkungen dazu ebenda, S. 25–35
GERASIMOV, I. P.; IVANOVA, E. N.; ROZOV, N. N.: LEONID IVANOVIČ PRASOLOV (1875–1954). In: Vopr. Genezisa Geogr. Počv. Moskva, Izd. Akad. Nauk SSSR, 1957, S. 12–25
GERASIMOV, I. P.; ROZOV, N. N.: Osnovnye étapy razvitija obzornoj (melkomasštabnoj) počvennoj kartografii v SSSR. Počvovedenie 1939, Nr. 7, S. 53–61
GERASIMOV, I. P.; ROZOV, N. N.; FRIDLAND, V. M.: Počvy in: Fiziko-geografičeskij atlas mira. Moskva, Akad. Nauk SSSR; Glavn. Upr. Geodesii Kartograf. GGK SSSR, 1964, S. 276–280
GERASIMOV, I. P.; ZAVALIŠIN, A. A.; IVANOVA, E. N.: Novaja schema obščej klassifikacii počv SSSR. Počvovedenie 1939, Nr. 7, S. 10–43
GERASIMOV, I. P.; ZONN, S. V.: Vsesojuznoe obščestvo počvovedov i ego rol' v razvitii sovetskogo počvovedenija. Počvovedenie 1968, Nr. 4, S. 3–14
GLAZOVSKAJA, M. A.: Geochimičeskie osnovy tipologii i metodiki issledovanij prirodnych landšaftov. Moskva, Izd. mosk. Un-ta., 1964
GLAZOVSKAJA, M. A.: Prinzipy klassifikacii počv mira. Počvovedenie 1966, Nr. 8, S. 1–22
GLINKA, K. D.: Die Typen der Bodenbildung, ihre Klassifikation und geographische Verbreitung. Berlin, Verl. Gebr. Bornträger, 1914
GLINKA, K. D.: Počvovedenie. Izd. 3. ispravl. dopol'nen. Moskva, „Novaja Derevija", 1927
GORBUNOV, N. I.: Uspechi v izučenii vysokodispersnych mineralov počv. Počvovedenie 1957, Nr. 10, S. 33–50
GORBUNOV, N. I.: Vysokodispernye mineraly i metody ich izučenija. Moskva, Izd. Akad. Nauk SSSR, 1963
GORŠENIN, K. P.: Počvy južnoj časti Sibiri (ot Urala do Bajkala). Moskva, Izd. Akad. Nauk SSSR, 1955
GRIGOR'EV, G. I.; FRIDLAND, V. M.: O klassifikacii počv po stepeni okul'turennosti. Počvovedenie 1964, Nr. 5, S. 1–14
GRIGOR'EV, G. I.; KONOVALOVA, A. S.: Voprosy klassifikacii, nomenklatury i diagnostiki suglinistych dernovo-podzolistych okulturennych počv russkoj ravniny. Počvovedenie 1963, Nr. 7, S. 25–45
IVANOVA, E. N., u. a. (Hrsg.): Počvenno-geografičeskoe rajonirovanie SSSR. (V svjazi s sel'skochozjajstvennym ispolzovaniem zemel'.) Moskva, Izd. Akad. Nauk SSSR, 1962
IVANOVA, E. N.; FRIDLAND, V. M.; EROCHINA, A. A.: Počvennye kompleksy suchich stepej i ich evoljucija. In: Vopr. ulučšenija kormovoj bazy v stepnoj, polupustynnoj i pustynnoj zonach SSSR. Moskva-Leningrad, Izd. Akad. Nauk SSSR, 1954, S. 162–190
IVANOVA, E. N.; LOBOVA, E. V.; NOGINA, N. A.; FRIDLAND, V. M.: Razvitie učenija o genezise počv v sovetskom počvovedenii. Počvovedenie 1957, Nr. 12, S. 1–19
IVANOVA, E. N.; ROZOV, N. N.: Klassifikacija počv SSSR – Classification of the soils of the USSR. In: Dokl. sovj. Počvov. VII. meždunar. Kongr. SŠA – Rep. soviet Soil Sci. VII. Internat. Congr. USA. Moskva, Izd. Akad. Nauk SSSR, 1960, S. 280–292

IVANOVA, E. N.; ROZOV, N. N.; EROCHINA, A. A., u. a.: Novye materialy po obščej geografii i klassifikacii počv poljarnogo i boreal'nogo pojasa Sibiri. Počvovedenie 1961, Nr. 11, S. 7–23
IVANOVA, E. N.; ROZOV, N. N.; FRIDLAND, V. M.: Razvitie geografii počv SSSR. Počvovedenie 1967, Nr. 9, S. 10–24
JARILOV, A.: Dokučaevskaja počvennaja komissija. Počvovedenie 1939, Nr. 2, S. 3–8
KAČINSKIJ, N. A.: Kornevaja sistema rastenij v počvach podzolistogo tipa. (Issledovanie v svjazi s vodnym i pitatel'nym režimom počv.) Čast I. Tr. mosk. obl. sel'skochozj. opyt. Stancii 7 (1925)
KAČINSKIJ N. A.: Izučenie fisičeskich svojst počv i kornevych sistem rastenij pri territorial'nych počvennych issledovanijach. Programma i metodika rabot. 2. izd. o. O. (Moskva). Goz. Izd. sel'skochozj. kolchozno-kooperativn. Lit. 1931
KAČINSKIJ, N. A.: Fizika počvy na službe socialističeskogo stroitel'stva. Počvovedenie 1937, Nr. 9, S. 1272–1278
KAČINSKIJ, N. A.: Agropočvennye karty i borba za urožaj. Počvovedenie 1938, Nr. 3, S. 441–447
KAČINSKIJ, N. A.: Sovremennoe sostojanie i osnovnye zadači v razvitii fiziki počv. Tr. jubil. Sessii 100-letn. dnja rožd. V. V. DOKUČAEVA počv. In-ta. Akad. Nauk SSSR, 1948, S. 338–347
KAČINSKIJ, N. A.: Agronomija i počvovedenije v Moskovskom Universitete za 200 let (1755–1955). (Kratkaja istorija.) Moskva, Izd. Mosk. Univ.-ta, 1967a
KAČINSKIJ, N. A.: Fizika i mechanika počvy 40 let na službe socialističeskogo stroitel'stva. Počvovedenie 1957b, Nr. 12, S. 20–34
KAČINSKIJ, N. A.: Mechanisčeskij i mikroagregatnyj sostav počvy, metody ego izučenija. Moskva, Izd. Akad. Nauk SSSR, 1958
KAČINSKIJ, N. A.: Struktura počvy. (Itogi i perspektivy izučenija voprosa.) o. O. (Moskva), Izd. mosk. Un-ta., 1963
KAČINSKIJ, N. A.: Fizika počvy. Č. 1, Moskva, Izd. „Vysšaja škola", 1965
KAČINSKIJ, N. A.: Fizika i mechanika počvy polveka na službe socialističeskogo stroitel'stva SSSR. Počvovedenie 1967, Nr. 11, S. 18–32
KANIVEC, I. I.: Metodika krypnomasštabnych s'' emok počv sovchozov i ee naučno-proizvodstvennoe značenie. Počvovedenie 1937, Nr. 7, S. 655–676
KARPINSKY, N. P.: Bodenkundlich-agronomische und agrotechnische Untersuchungen auf einem Areale von 25 Millionen Hektar. (Präliminare Ergebnisse.) In: Bodenfruchtbarkeit und Anwendung der Dünger in der UdSSR. Abh. Soviet-Sekt. internat. bodenkd. Gesellsch. 2. Komm. IV Bodenfruchtbarkeit, Moskau, 1933, S. 26–42
KARPINSKIJ, N. P.; LETUNOV, P. A.; FRANCESON, V. A.: Agropočvennoe rajonirovanie Evropejskoj časti SSSR. In: Itogi naučno-issl. rabot vsesojuzn. In-ta. Udobrenij, Agrotechniki Agropočvovedenija za 1938–39 gg., Moskva, Ogiz Sel'chozgiz, 1940, S. 102–111
KONONOVA, M. M.: Osnovnye itogi issledovanij v oblasti počvennogo gumusa v SSSR za 30 let. Počvovedenie 1947, Nr. 10, S. 590–599
KONONOVA, M. M.: Problema počvennogo gumusa i sovremennye zadači ego izučenija. Moskva, Izd. Akad. Nauk, 1951
KONONOVA, M. M.: Važnejšie itogi issledovanij počvennogo gumusa. Počvovedenie 1957, Nr. 11, S. 43–61

KONONOVA, M. M.: Die Humusstoffe des Bodens. Ergebnisse und Probleme der Humusforschung. Übers. H. BEUTELSPACHER. Berlin, Dt. Verl. Wiss., 1958
KONONOVA, M. M.: Issledovanija akademika I. V. TJURINA v oblasti izučenija organičeskogo veščestva počvy. Počvovedenie 1962, Nr. 12, S. 1–7
KONONOVA, M. M.: Organičeskoe veščestva počvy, ego priroda, svojstva i metody izučenija. Moskva, Izd. Akad. Nauk SSSR, 1963
KONONOVA, M. M.: Razvitie nekotorych biochimičeskich problem počvovedenija v SSSR. Počvovedenie 1967, Nr. 10, S. 15–29
KONONOVA, M. M.; RODE, A. A.; SOKOLOV, A. V.: IVAN VLADIMIROVIČ TJURIN. In: I. V. TJURIN 1965, S. 3–10, Bibliogr. 303–319
KOMAROVA, N. A.: Vytesnenie počvennych rastvorov metodom zamečšenija židkostjami i ispol'zovanie metoda v počvennych issledovanijach. Tr. počv. In-ta. im. DOKUČAEVA 51 (1958), S. 5–97
KOSTYČEV, P. A.: Izbrannye trudy. Leningrad, Izd. Akad. Nauk USSR, 1951
KOVAL'SKIJ, V. V.; LETUNOVA, S. V.: Biogeochimija. In: Razvitie biologii v SSSR. Moskva, Izd. „Nauka", 1967, S. 642–655
KOVDA, V. A.: Prinzipien der Bodenklassifikation. Počvovedenie 1932, Nr. 5/6, S. 555–577
KOVDA, V. A.: Proischoždenie i režim zasolennych počv. T. 1 u. 2. Moskva-Leningrad, Izd. Akad. Nauk, 1946 u. 1947
KOVDA, V. A.: Nauka i praktika protiv neomal'tuzianistva. Počvovedenie 1953, Nr. 10, S. 7–18
KOVDA, V. A.: Mineral'nyj sostav rastenij i počvoobrazovanie. Počvovedenie 1956, Nr. 1, S. 6–38
KOVDA, V. A.: Obščnosti i različija v istorii počvennogo pokrova kontinentov (k sostavlenija počvennoj karty mira). Počvovedenie 1965, Nr. 1, S. 3–17
KOVDA, V. A.; LOBOVA, E. V.; ROZANOV, B. G.: Problema klassifikacii počv mira. Počvovedenie 1967, Nr. 4, S. 3–22, u. Nr. 7, S. 3–16
KRASIL'NIKOV, N. A.: Mikroorganizmy počvy i vysšie rastenii. Moskva, Izd. Akad. Nauk SSSR, 1958
KRAUSS, G. A.; SALLINGER, H.: E. RAMANN zu seinem 100. Geburtstag am 30. April 1951. Z. Pflanzenernähr., Düng., Bodenkd. 56 (101) (1952), S. 53–60
KRAVKOV, S. P.: Achievements of Russian science in the field of agricultural pedology. Russ. pedol. Investig. 9, Leningrad, Publ. Off. Acad., 1927
KRISCHE, P.: Bodenkarten und andere kartographische Darstellungen der Faktoren der landwirtschaftlichen Produktion verschiedener Länder. Ein Beitrag zur neuzeitlichen Wirtschaftsgeographie. Berlin, Verl. P. Parey, 1928
KRUPENIKOV, I. u. L.: VASILIJ ROBERTOVIČ VIL'JAMS 1863–1939. Moskva, Izd. „Molodaja gvardija", 1952
KRUPENIKOV, I. u. L.: PAVEL ANDREEVIČ KOSTYČEV 1845–1895. Moskva, Izd. „Molodaja Gvardija", 1955
KRUPSKIJ, N.: Akademik ALEKSEJ NIKANOROVIČ SOKOLOVSKIJ i ego naučnaja dejatel'nost'. Počvovedenie 1954, Nr. 10, S. 74–76
KUPREVIČ, V. F.; ŠČERBAKOVA, T. A.: Počvennaja enzimologija. Minsk, Izd. „Nauka i Technika", 1966
LEBEDEFF, A. F.: The movement of ground and soil waters. Proc. I. Internat. Congr. Soil Sci. Washington 1927, 1 (1928), S. 459–494
LEBEDEV, A. F.: Počvennye i gruntovye vody. 4. posmertn. Izd., Moskva-Leningrad, Izd. Akad. Nauk SSSR, 1936

LEBEDEV, N.; LEBEDEV, Aleksander Fedorovič; LEBEDEV, A.: Spisok pečatnych rabot Aleksandra Fedoroviča LEBEDEVA. Počvovedenie 1936, Nr. 2, S. 280–292 (Engl. Fassung des Nekrologs auch in Mitt. internat. bodenkd. Gesellsch. 11 (1936), S. 16–18)
LEBEDJANCEV, A. N.: Geografičeskie opyty NIU s mineral'nymi udobrenijami. 1933; zit. n. A. N. LEBEDJANCEV, Izbrannye Trudy. Moskva, Goz. izd. sel'skochozj. Lit., 1960, S. 17–26
LENIN, W. I.: Die Entwicklung des Kapitalismus in Rußland. (S. Petersburg, 1889); zit. n. W. I. LENIN: Werke Bd. 3, Berlin, Dietz Verl., 1956
LENIN, W. I.: Rede zum Jahrestag der Revolution 6. November auf dem VI. Gesamtrussischen Kongreß der Sowjets der Arbeiter-, Bauern-, Kosaken- und Rotarmistendeputierten. 6.–9. November 1918; zit. n. W. I. LENIN: Werke Bd. 28, (Juli 1918–März 1919), Berlin, Dietz Verl., 1959, S. 129–144
LENIN, W. I.: Referat über die Stellung des Proletariats zur Kleinbürgerlichen Demokratie. Versammlung der Moskauer Parteiarbeiter 27. November 1918; zit. n. W. I. LENIN: Werke. Bd. 28 (Juli 1918–März 1919), Berlin, Dietz Verl., 1959, S. 197–214
LENIN, W. I.: Rede über die Organisierung der Gewerkschaft der Landarbeiter auf der Tagung des 1. Kongresses der Landarbeiter des Petrograder Gouvernements. 13. März 1959; zit. n. W. I. LENIN: Werke. Bd. 29 (März–August 1919), Berlin, Dietz Verl., 1961, S. 21–25
LIVEROVSKIJ, Ju. A.: Voprosy klassifikacii počv pri krupnomasštabnych počvennych issledovanijach. Sb. naučn. Tr. estonsk. sel'skochozj. Akad. 24 (1962), S. 5–16
LIVEROVSKIJ, Ju. A.: Tvorčeskij put' K. D. GLINKI. Počvovedenie 1968, Nr. 5, S. 7–16
LIVEROVSKIJ, Ju.; DOBROVOL'SKIJ, G. V.: O sostojanii i perspektivach podgotovki kadrov počvovedov v universitetach. Počvovedenie 1966, Nr. 2, S. 1–9
LOBANOV, N. V.: Mikotrofnost' drevesnych rastenij. Moskva, Goz. Izd. „Sovetskaja Nauka", 1953
LOBANOV, P. P.: Sel'skochozjajstvennaja nauka v SSSR k 40-letniju Velikoj Oktjabr'skoj socialističeskoj revoljucii. In: Materialy jubilejnoj sessii, posvjaščennoj 40 i godovščine Velikoj Oktjabr'skoj socialističeskoj revoljucii. Moskva, Izd. Minist. sel'sko. Chozj. SSSR, 1958, S. 34–103
LOBANOW, N. W.: Mykotrophie der Holzpflanzen. Übers. I. u. W. RAWALD. Berlin, VEB Dt. Verl. Wiss., 1960
LOBOVA, E. V.: Počvy pustynnoj zony SSSR. Moskva, Izd. Akad. Nauk SSSR, 1960
LUPINOVIČ, I. S.; GOLUB, T. F.: Torfjano-bolotnye počvy BSSR i ich plodorodie. Minsk, Izd. Akad. Nauk BSSR, 1958
MARČENKO, A. I.: Počvy Karelii. Moskva, Izd. Akad. Nauk SSSR, 1962
MINA, V. N.: Vzjaimodejstvie meždu drevesnoj rastitel'nost'ju i počvami v nekotorych tipach dubovogo lesa južnoj lesostepi. Tr. In-ta Lesa 15 (1954), S. 229–294
MIŠUSTIN, E. N.: Ekologo-geografičeskaja izmenčivost' počvennych bakterii. Moskva-Leningrad. Izd. Akad. Nauk SSSR, 1947
MIŠUSTIN, E. N.: Mikroorganizmy i plodorodie počvy. Moskva, Izd. Akad. Nauk SSSR, 1956
MIŠUSTIN, E. N.: Dostiženija v oblasti počvennoj mikrobiologii v SSSR. In: Dostiženija sovetskoj mikrobiologii. Moskva, Izd. Akad. Nauk SSSR, 1959, S. 84–128

MIŠUSTIN, E. N. (Hrsg.): Izučenie vlijanija obrabotki počvy na mikrobiologičeskie processy. Tr. In-ta Mikrobiol. 7, Moskva, Izd. Akad. Nauk SSSR, 1960
MIŠUSTIN, E. N. (Hrsg.): Mikroorganizmy i effektivnoe plodorodie počvy. Tr. In-ta Mikrobiol. 11, Moskva, Izd. Akad. Nauk SSSR, 1961
MIŠUSTIN, E. N.: Bakterial'nye udobrenija i ich effektivnost'. Mikrobiologija 32 (1963), S. 911–917
MIŠUSTIN, E. N. (Hrsg.): Mikroflora počv severnoj i srednej časti SSSR. Moskva, Izd. „Nauka", 1966a
MIŠUSTIN, E. N. (Hrsg.): Mikroflora počv južnoj časti SSSR. Moskva, Izd. „Nauka", 1966b
MIŠUSTIN, E. N.: Počvennaja mikrobiologija v SSSR (1917–1967). Mikrobiologija 36 (1967), S. 784–810
MIŠUSTIN, E. N.; NAUMOVA, A. N.: Bakterial'nye udobrenija, ich effektivnost' i mechanizm dejstvija. Mikrobiologija 31 (1962), S. 543–555
MIŠUSTIN, E. N.; ŠIL'NIKOVA, V. K.: Biologičeskaja fiksacija atmosfernogo azota. Moskva, Izd. „Nauka", 1968
MOLČANOV, A. A.: Gidrologičeskaja rol' sosnovych lesov na pesčannych počvach. Moskva, Izd. Akad. Nauk SSSR, 1952
MOLČANOV, A. A.: Gidrologičeskaja rol' lesa. Moskva, Izd. Akad. Nauk SSSR, 1960
MOLTSCHANOV, A. A.: Die hydrologische Rolle des Kiefernwaldes auf Sandböden. Übers. v. H. STILLMARK und E. EHWALD. Berlin, Dt. Bauern-Verl., 1957
NERPIN, S. V.; ČUDNOVSKIJ, A. F.: Fizika počvy. Moskva, Izd. „Nauka", 1967
NEUSTRUEV, S. S.: Opyt klassifikacii počvoobrazovatel'nych processov v svjazi s genezisom počv. Izv. geogr. In-ta 6 (1926), S. 3–48
NEUSTRUEV, S. S.: Elementy geografii počv. Moskva, Sel'chozgiz, 1930
NOGINA, N. A.: Počvy Zabajkal'ja. Moskva, Izd. „Nauka", 1964
NOVIKOVA, A. B.; KUKOBA, P. I.; KROTKEVIČ, L. P.: Prognoz vtoričnogo zasolenija počv v zapadnoj časti zony orošenija severo-krymskogo kanala. Tezisy dokl. III. vsesoj. delegatsk. s"ezde počvovedov. Tartu, 1966, S. 381/82
NOVOGRUDSKIJ, D. M.: Počvennaja mikrobiologija. Alma-Ata, Izd. Akad. Nauk Kazachsk. SSR, 1956
OMELJANSKIJ, V. L.: Izbrannye trudy. Moskva, Izd. Akad. Nauk SSSR, 1953
OMELJANSKIJ, V. L.: Svjazyvanie atmosfernogo azota počvennymi mikrobami. Petrograd, Izd. Komm. Izuč. estestv. proizvoditeln. sil . . ., 1923; zit. n. V. L. OMELJANSKIJ 1953, S. 175–336
PARFENOVA, E. I.: B. B. POLYNOV – zosdatel' učenija o geochimii landšafta (k 85-letnii so dnja roždenija). Počvovedenie 1963, Nr. 2, S. 14–24
PEJVE, J. V.: Biochimija počv. Moskva, Goz. Izd. sel'skochozj. Lit., Žurn., Plakatov, 1961
PEJVE, J. V.: V. I. VERNADSKIJ i izučenie soderžanija mikroelementov v počvach. Počvovedenie 1963, Nr. 8, S. 21–39
PEREL'MAN, A. I.: Geochimija landšafta. Moskva, Izd. „Vysšaja škola", 1966
PIDOPLIČKO, N. M.: Gribnaja flora grubych kormov. Kiev, 1953
POLYNOV, B. B.: Razvitie idej Dokučaeva v zapadnoevropejskoj naučnoj literature. Tr. počv. In-ta 2 (1927), S. 329–341; zit. n. B. B. POLYNOV 1956a, S. 597–606

POLYNOV, B. B.: Geochimičeskie landšafty. In: Vopr. Mineral. Geochim. Petrogr., Moskva-Leningrad, 1946; zit. n. B. B. POLYNOV 1956a, S. 477–486

POLYNOV, B. B.: Osobennosti v razvitii sovetskogo počvovedenija. Počvovedenie 1947a, Nr. 10, S. 577–582

POLYNOV, B. B.: Osnovnye idei učenija o genezise iljuvial'nych počv v sovremennom osveščenii. In: Jubilejnyj Sb. posvjašč. tridcatiletiju Velikoj Oktj. soc. Revoljucii 2, 1947b; zit. n. B. B. POLYNOV 1956a, S. 408–423

POLYNOV, B. B.: Očerk razvitija učenija o počve kak otrasli estestvoznanija. In: Tr. In-ta Istorii Estestvozn. 2 (1948a), S. 105–169; zit. n. B. B. POLYNOV 1956a, S. 659–740

POLYNOV, B. B.: Rukovodjaščie idei sovremennogo učenija ob obrazovanii i razvitie počv. Počvovedenie 1948b, Nr. 1, S. 3–13

POLYNOV, B. B.: O geologičeskoj roli organizmov. In: Voprosy geografii 33 (1953), S. 45–64; zit. n. B. B. POLYNOV 1956a, S. 466–476

POLYNOV, B. B., Akademik: Izbrannye trudy. Moskva, Izd. Akad. Nauk SSSR. 1956a

POLYNOV, B. B.: Učenie o landšaftach (1956b). In: B. B. POLYNOV 1956a, S. 492–511

POLYNOV, B. B.: KRUPENIKOV, I. A.; KRUPENIKOV, L. A.: VASILIJ VASIL'EVIČ DOKUČAEV. Očerk žizni i tvorčestva. Moskva, Izd. Akad. Nauk SSSR, 1956

PRASOLOV, L. I.: Sovremennoe počvovednie, ego praktičeskoe priloženie i voprosy organisacii. Tr. počv. otd. K. E. P. S. Vyp. 1 (Otčety Dejatel'n. Komm. Izuč. estestv. proizvoditel'n. Sil Rossii ross. Akad. Nauk 19). Petrograd, 1923, S. 35–59

PRASOLOV, L. I.: Počvy zalivnych lugov po beregam r. Volchova i oz. Ilmenja. In: Počvennye i botaničeskie issledovanija v pojmach oz. Il'menja i r. Volchova. Predvaritel'nyj otčet. Mat. Issl. Reki Volchova i ego Bassejna, 4, Leningrad, Stroitel'stvo gos. volchovsk. gidroelektr. silovoj Ustanovki, 1925, S. 3–26

PRASOLOV, L. I.: Rezjume dokladov. O počvennoj karte Aziatskoj časti SSSR. Počvovedenie 1926, Nr. 1, S. 60–68

PRASOLOV, L. I. (Hrsg.): Počvy pojm v rajone r. Volchova i oz. Il'menja. Mat. Issl. Rek. Volchova i ego Bassejna, 16, Leningrad, Stroitel'stvo gos. volchovsk. gidroelektr. silovoj Ustanovki, 1927a

PRASOLOV, L. I.: Počvennaja karta Evropejskoj časti SSSR. Priroda 1927b, Nr. 9, S. 723–727

PRASOLOV, L. I.: Cartography of soils. Russ. pedol. Investig. 6, Leningrad, Publ. Off. Acad., 1927c

PRASOLOV, L. I.: K voprosu o klassifikacii i nomenklature počv. Tr. počv. In-ta im. DOKUČAEVA 13 (1936), S. 101–111

PRASOLOV, L. I.: Razvitie geografičeskogo izučenija i kartografii počv v SSSR za dvadcat' let socialističeskogo stroitel'stva. Development of the geographical study and cartografy of soils in the USSR during the 20 jears of socialist construction. Počvovedenie 1937a, Nr. 9, S. 1265–1271

PRASOLOV, L. I.: O počvennych kartach evropejskoj časti SSSR. On the soil maps of the European part of USSR. Počvovedenie 1937b, Nr. 6, S. 913–917

PRASALOV, L. I.: Počevennaja karta Sojuza SSR. M.-b. 1 : 15000000. Bol'šoj sovetskij atlas mira. Leningrad, Izd. Akad. Nauk SSSR, 1937c

PRASOLOV, L. I. (Hrsg.): Počvy SSSR. Evropejskaja čast' SSSR, 1–3. Moskva-Leningrad, 1939

PRASOLOV, L. I.: Istorija počvovedenija v Rossii. Vestn. Akad. Nauk SSSR 1945, Nr. 10–11, S. 27–42

PRASOLOV, L. I. (Hrsg.): Pamjati akademika V. R. VIL'JAMSA. Moskva-Leningrad, Izd. Akad. Nauk SSSR, 1949

PRASOLOV, L. I.; ROZOV, N. N.: Raspredelenie mirovogo zemledelija po tipam počv. Počvovedenie 1947, Nr. 10, S. 583–589

PRJANIŠNIKOV, D.: PETR SAMSONOVIČ KOSSOVIČ. Russkij Počvoved 1915 S. 297–302

PRJANIŠNIKOV, D. N., Akademik: Izbrannye sočinenija v trech tomach. Moskva, Izd. sel'skochozj. Lit. Žurn., Plakatov, 1963

PRJANIŠNIKOV, D. N.: „MAL'TUS" i Rossija. (Stenografičeskaja zapis' reči professora D. N. PRJANIŠNIKOVA na jubilej 8. marta 1925g.): zit. n. D. N. PRJANIŠNIKOV 1963. Bd. 3, S. 206–216

RAKITIN, Ju. V.: Itogi i perspektivy issledovanij dejstvija i primenenija fiziologičeski aktivnych soedinenij. Agrochimija 1965, Nr. 8, S. 140–159

RATNER, E. I.: Mineral'noe pitanie rastenij i poglotitel'naja sposobnost' počv. Moskva-Leningrad, Izd. Akad. Nauk SSSR, 1950

REMEZOV, N. P.: D. N. PRJANIŠNIKOV i nauka o počve. Počvovedenie 1939, Nr. 4, S. 7–15

REMEZOV, N. P.: KONSTANTIN KAETANOVIČ GEDROJC. Moskva, Goz. Izd. sel'skochozj. Lit., 1952

REMEZOV, N. P.: Kratkaja istorija počvovedenija v Moskovskom universitete. Počvovedenie 1955, Nr. 5, S. 84–93

REMEZOV, N. P.; BYKOVA, L. N.; SMIRNOVA, K. M.: Potreblenie i krugovorot azota i zol'nych ėlementov v lesach evropejskoj časti SSSR. Moskva, Izd. mosk. Un-ta, 1959

REVUT, I. B.: Agrofizičeskij naučno-issledovatel'skij institut za 25 let. Sb. tr. agronom. Fizike 8 (1960), S. 3–15

REVUT, I. B.: Fizika počv. Leningrad, Izd. „Kolos", 1964

RODE, A. A.: Počvoobrazovatel'nyj prozess i ėvoljucija počv. Moskva, Goz. Izd. geogr. Lit., 1947

RODE, A. A.: Počvennaja vlaga. Moskva, Izd. Akad. Nauk SSSR, 1952

RODE, A. A.: Razvitie učenija o počvennoj vlage v SSSR. Počvovedenie 1957, Nr. 10, S. 1–15

RODE, A. A.: Das Wasser im Boden. Neubearb. Aufl., in dt. Sprache hrsg. M. TRÉNEL, Berlin, Akad.-Verl., 1959

RODE, A. A.: Počvennye režimy, zadači i obščie metody ich izyčenija. Počvovedenie 1963, Nr. 6, S. 4–14

RODE, A. A.: Osnovy učenija o počvennoj vlage. T. 1. Vodnye svojstva počv i peredviženie počvennoj vlagi. Leningrad, Gidrometeorol. Izd., 1965

RODE, A. A.: Učenie o počvennoj vlage v rabotach sovetskich issledovatelej. Počvovedenie 1967, Nr. 9, S. 41–54

RODE, A. A.: Vodnyj režim nekotorych osnovnych tipov počv SSSR (po mnogoletnim dannym). In: Teplovoj i vodnyj režim počv SSSR. Dokl. IX. meždunarodn. Kongr. Počvovedov, Moskva, Izd. „Nauka", 1968, S. 88–142

RODE, A. A.; KISSIS, T. J.: Vodnyj režim počv polupustyni. Moskva, Izd. Akad. Nauk SSSR, 1963

RODE, A. A.; RASPOPOVA, V. M.; SMIRNOVA, N. V.: Konstantin Kaetanovič GEDROJC (1872–1932). Moskva, Izd. Akad. Nauk SSSR, 1956

RODIN, L. E.: BAZILEVIČ, N. I.: Dinamika organičeskogo veščestva i bilogičeskij krugorovot v osnovnych tipach rastitel'nosti. Moskva. Izd. „Nauka", 1965
ROZANOV, A. N.: Serozemy srednej Azii. Moskva, Izd. Akad. Nauk SSSR, 1951
ROZANOV, A. N.: Zonal'nye počvy ravnin i predgorij Kura-Araksinskoj nizmennosti. Tr. počv. In-ta im. DOKUČAEVA 44 (1954), S. 79–156
ROZOV, L. P.: Meliorativnoe počvovedenije. 2. Izd. pod red. V. A. ŠAUMJANA i S. V. ASTANOVA, Moskva. Goz. Izd. sel'skochozj. Lit., 1956
ROZOV, N. N.: K voprosu v principach postroenija genetičeskoj klassifikacii počv. Počvovedenie 1956, Nr. 6, S. 76–81
ROZOV, N. N.: Razvitie kartografii i geografii počv v SSSR za 40 let posle Velikoj Oktjabr'skoj socialističeskoj revolucii. Počvovedenie 1957 a. Nr. 11, S. 14–27
ROZOV, N. N.: Rezul'taty i bližajšie zadači rabot po učetu zemel'nych resursov SSSR. In: Voprosy genezisa i geografii počv. Pamjati akademika L. I. PRASOLOVA, Moskva. Izd. Akad. Nauk SSSR, 1957b, S. 51–60
ROZOV, N. N.: Obšej učet i kačestvennaja charakteristika zemel'nych resursov SSSR (na osnove Gosudarstvennoj počvennoj karty SSSR i drugich materialov). In: Problemy Počvovedenija. Moskva, Izd. Akad. Nauk, 1962
ROZOV, N. N.: IVANOVA, E. N.: Klassifikacija počv SSSR (Prinzipy i sistematičeskij spisok počvennych tipov). Počvovedenie 1967 a, Nr. 2, S. 3–11
ROZOV, N. N.: IVANOVA, E. N.: Klassifikacija počv SSSR (genetičeskaja charakteristika i diagnostika osnovnych podrazdelenij). Počvovedenie 1967 b, Nr. 3, S. 12–22
ROZOV, N. N.: RUDNEVA, E. N.: Karty SSSR. – Počvy. 1 : 15000000. In: Fiziko-geografičeskij atlas mira. Moskva, Akad. Nauk i glavn. Upr. Geodezii Kartografii GGK SSSR, 1964
RÜBENSAM, E.: Die Standortverteilung der landwirtschaftlichen Produktion. Berlin, Dt. Bauernverl., 1959
RYBALKINA, A. V.: KONONENKO, E. V.: Mikroflora evropejskoj časti SSSR. Moskva, Izd. Akad. Nauk SSSR, 1957
RUDAKOV, K. I.: Mikroorganizmy i struktura počvy. Moskva-Leningrad. Sel'chozgiz., 1951
SADOVNIKOV, I. F.: Počvy južnogo Zavol'ža kak objekt orošenija. Moskva. Izd. Akad. Nauk, 1952
SAVVINOV, N. I.: Struktura počvy i ego pročnost' na celine, pereloge u staro pachotnych učastach. Leningrad-Moskva. Gos. Izd. sel'skochozj. kol'chozno kooperativn. Lit., 1931
SCHILLING, D.: BANNORTH, H.; SCHLICHT, H.: Natürliche Standortseinheiten der landwirtschaftlichen Produktion in der DDR. Von H. BANNORTH neu bearb. u. erw. Aufl.. Markkleeberg, Landwirtsch.-Ausstell. DDR, 1965
SCHUBLADSE, K.: Das Meliorationsprogramm in der UdSSR. Internat. Z. Landwirtsch. 1966, S. 544–548
ŠEMACHANOVA, N. M.: Mikotrofija drevesnych porod. Moskva. Izd. Akad. Nauk SSSR, 1962
SIBIRCEV, N. M.: Ob osnovanijach genetičeskoj klassifikacii počv. Zap. Novo-Aleksandrijsk. Inst. 9 (1895): zit. n. N. M. SIBIRCEV: Izbr. Sočin. Bd. 2, Moskva. Goz. Izd. sel'skochozj. Lit., 1953, S. 271–293
SIBIRCEV, N. M.: Počvovedenie. Lekcii, čitannye studentam instituta sels'kogo chozchajstva i lesovodstva v Novo-Aleksandrii. S. Petersburg. vyp. 1 1900. vyp. 2 u. 3 1901; zit. n. d. 3. Ausgabe (1914) in N. M. SIBIRCEV: Izbr. Sočin. Bd. 1, Moskva. Gos. Izd. sel'skochozj. Lit., 1951

SINJAGIN, I. I.; SMIRNOV, N. S.: Na glavnom napravlenii (puti pod"ema sel'skogo chozjajstva v dvadcatiletii). Novoe v Žizni, Nauke, Technike, V. Ser. sel'sk. Chozj. 19, Moskva, Izd. Znanie, 1962
SINJAGIN, I. I.: Akademija imeni LENINA. Vestn. sel'skochozj. Nauki 12 (1967), Nr. 11, S. 8–14
SKORODUMOV, A. S.: Vlijanie lesnoj rastitel'nosti na vodnyj režim počv. Kiev, Izd. Urožaj, 1964
SKOROPANOV, S. G.: Osvoenie i ispol'zovanie torfjano-bolotnych počv. Minsk, Izd. Akad. sel'skochozj. Nauk BSSR, 1961
SKRYNNIKOVA, I. N.: K voprosu ob istorii issledovanija, principach klassifikacii i sistematiki bolotnych počv SSSR. Počvovedenie 1954, Nr. 4, S. 37–50
SKRYNNIKOVA, I. N.: Počvennye rastvory južnoj časti lesnoj zony i ich rol' v sovremennych processach počvoobrazovanija. In: Sovremennye processy v lesnoj zone Evropejskoj časti SSSR. Moskva, Izd. Akad. Nauk SSSR, 1959, S. 30–169
SKRYNNIKOVA, I. N.: Počvennye processy v okul'turennych torfjanych počvach. Moskva, Izd. Akad. Nauk SSSR, 1961
SKRYNNIKOVA, I. N.: Issledovanie i ispol'zovanie torfjanych počv. Počvovedenie 1967, Nr. 12, S. 12–23
SMIRNOW, W. P.: W. R. WILJAMS. Sein Leben und Werk. Berlin, Dt. Bauern-Verl., 1951
SOBOLEV, S. S.: Akademik ALEKSEJ NIKANOROVIČ SOKOLOVSKIJ i ego naučnaja dejatel'nost'. Počvovedenie 1945, Nr. 8, S. 436–439
SOKOLOV, A. V.: Tridcat' let raboty sovetskoj agrochimii. Počvovedenie 1947, Nr. 10, S. 617–624
SOKOLOV, A. V.: Očerki iz istorii agronomičeskoj chimii v SSSR. Moskva, Izd. Akad. Nauk SSSR, 1954
SOKOLOV, A. V.: O roli agrochimii i počvovedenija v rešenii očerednych zadač agronomičeskoj nauki. Počvovedenie 1962, Nr. 5, S. 1–11
SOKOLOV, A. V. (Hrsg.): Rukovodstvo po sostavleniju počvennych i agrochimičeskich kart. Moskva. Izd. „Kolos", 1964
SOKOLOV, A. V.: 50 let sovetskoj agrochimii. Agrochimija 1967, Nr. 10, S. 3–20
SOKOLOV, A. V.; ROZOV, N. N.; RUDNEVA, E. N.: Počvenno-agrochimičeskaja karta SSSR. Agrochimija 1966, Nr. 1, S. 3–12
SOKOLOV, A. V.; ŠKONDE, E. I.: Agrochimičeskaja charakteristika počv SSSR. Moskva, Izd. Akad. Nauk SSSR, 1963ff.
SOKOLOVSKIJ, A. N.: Tesen li mir? Počvovedenie 1953, Nr. 12, S. 1–17
SOKOLOVSKIJ, A. N.: Sel'skochozjajstvennoe počvovedenie. Moskva, Gos. Izd. sel'skochozj. Lit., 1956
SONN, S. W.: Der Einfluß des Waldes auf die Böden. Jena, VEB G.-Fischer-Verl., 1960
SUDNICYN, I. I.: Zakonomernosti peredviženija počvennoj vlagi. Moskva, Izd. „Nauka", 1964
SUKAČEV, V. N.; DYLIS, N. V. (Hrsg.): Osnovy lesnoj biogeocenologii. Moskva, Izd. „Nauka". 1964
TERENT'EV, A. T.: Počvennye issledovanija v tretej pjatiletke. Počvovedenie 1939, Nr. 6, S. 107–110
TJULIN, A. F.: Kolloidno-chimičeskoe izučenie počv v agronomičeskich celjach. Tr. vsesoj. naučn.-issl. In-ta Udobrenij, Agrotechniki, Agropočvovedenija im. K. K. GEDROJCA 27 (1946)

TJULIN, A. F.: Organo-mineral'nye kolloidy v počve, ich genesis i značenie dlja kornevogo pitanija vysšich rastenij. Moskva, Izd. Akad. Nauk SSSR, 1958

TJURIN, I. V.: Achievements of Russian science in the province of chemistry of soils. Russian pedolog. Investig. 4, Leningrad, Publ. Off. Academy, 1927

TJURIN, I. V.: Organičeskoe veščestvo počv i ego rol' v počvoobrazovanii i plodorodii. Moskva-Leningrad, Sel'chozgiz, 1937; gekürzter Wiederabdr. in I.V. TJURIN 1965, S. 11–189

TJURIN, I. V.: Počvy lesostepi. In: L. I. PRASOLOV 1939, T. 1, S. 187–223; Wiederabdr. in I. V. TJURIN 1966, S. 101–134

TJURIN, I. V.: Zadači počvovedov v svjazi s vydeleniem celinnich i zaležnich zemel' dlja sel'skochozjajstvennogo osvoenija. Počvovedenie 1954, Nr. 6, S. 4–8

TJURIN, I. V.: Plodorodie počv i problema azota v počvovedenii i zemleddii. Soil fertility and the problem of nitrogen in pedology and agriculture. In: Dokl. VI. meždunarodn. Kongr. Počvov. 4. Komm. Plodorodie počv. Moskva, Akad. Nauk SSSR, 1956, S. 3–39; Wiederabdr. in I. V. TJURIN 1965, S. 285–293

TJURIN, I. V.: Razvitie počvovedenija v SSSR za 40 let. Počvovedenie 1957, Nr. 11, S. 1–13

TJURIN, I. V.: Dostiženija sovetskogo počvovedenija. Vsesoj. obšč. rasprostr. političesk., naučn. znanij. Ser. V, Nr. 13, Moskva, Izd. „Znanie“, 1958

TJURIN, I. V.: Rol' počvovedenija v razvitii sel'skogo chozjajstva SSSR. Počvovedenie 1961, Nr. 1, S. 3–11

TJURIN, I. V.: Organičeskoe veščestvo počvy i ego rol' v plodorodii. Moskva, Izd. „Nauka“, 1965

TJURIN, I. V., u. a.: Aleksej Nikanorovič Sokolovskij. Počvovedenie 1959, Nr. 10, S. 124–125

TJURIN, I. V.: Voprosy genezisa i plodorodija počv. Moskva, Izd. „Nauka“, 1966

TJURIN, I. V.; ANTIPOV-KARATAEV, I. N.; ČIŽEVSKIJ, M. G. (Hrsg.): Melioracija soloncov v SSSR. Moskva, Izd. Akad. Nauk SSSR, 1953

TJURIN, I. V.; LIVEROVSKIJ, Ju. A.: Počvovedenije. In: Istorija estestvoznanija v Rossii. Moskva, Izd. Akad. Nauk SSSR, 3, 1962, S. 216–238

ULBRICHT, W.: Die gesellschaftliche Entwicklung in der Deutschen Demokratischen Republik bis zur Vollendung des Sozialismus. Schlußansprache. VII. Parteitag der Sozialistischen Einheitspartei Deutschlands. Berlin, 17.–22. April 1967. Berlin, Dietz Verl., 1967

VASIL'EV, I. S.: Vodnyj režim podzolistych počv. Tr. počvenn. In-ta im. DOKUČAEVA 32 (1950), S. 74–296

VASIL'EV, E. S.: Vodnyj režim dernovo-podzolistych počv v travopol'nom sevooborote. In: Plodorodie dernovo-podzolistych počv. Moskva, Izd. Akad. Nauk SSSR, 1958, S. 124–209

VERIGO, S. A.; RAZUMOVA, L. A.: Počvennaja vlaga i ee značenie v sel'skochozjajstvennom proizvodstve. Leningrad, Gidrometeor. Izd., 1963

VERNADSKIJ, V. I.: Biosfera, očerki pervyj i vtoroj. Leningrad, 1926; zit. n. V. I. VERNADSKIJ 1954–1960, 5, S. 4–102

VERNADSKY, W.: La biosphère. Paris, Libr. F. Alcan, 1929

VERNADSKIJ, V. I.: Izbrannye sočinenija, 1–5. Moskva, Izd. Akad. Nauk, 1954–1960

VERNANDER, N. B.; GODLIN, M. M.; SAMBUR, G. N.; SKORINA, S. A.: Počvy USSR. Kiev, Charkov, Gos. Izd. sel'skochozj. Lit. USSR, 1951

VERŠININ, P. V.: Počvennaja struktura i uslovija ee formirovanija. Moskva-Leningrad, Izd. Akad. Nauk SSSR, 1958
VERŠININ, P. V.: Problema iskusstvennogo strukturoobrazovanija. In: Sb. Tr. agronom. Fizike 8 (1960), S. 131–142
VILENSKIJ, G. D.: Agregacija počv, ee teorija i praktičeskoe priloženie. Moskva, Izd. Akad. Nauk SSSR, 1945
VILENSKIJ, D. G.: Istorija počvovedenija v Rossii. Moskva, Gos. Izd. „Sovj. nauka", 1958
VILENSKIJ, D. G.: Geografija počv. Moskva, Gos. Izd. „Vysšaja škola", 1961
VIL'JAMS, V. R.: Počvy Ljubinskich polej orošenija. Moskva 1913; zit. n. V. R. VIL'JAMS 1949–1953 Bd. 2, 1949, S. 311–381
VIL'JAMS, V. R.: Počvovedenije. Moskva, Vyp. 1 1914, Vyp. 2 1916, Vyp. 3 1919, 2. Izd. 1920 (gl. 18 1924), 3. Izd. 1926; zit. n. V. R. VIL'JAMS 1949–1953, Bd. 5, 1950
VIL'JAMS, V. R.: Obščee zemledelie s osnovami počvovedenija. Moskva, 1927, 2. Aufl. 1931, 3. Aufl. u. d. Titel: Počvovedenie. Obščee zemledelie s osnovami počvovedenija. 1936, 4. Aufl. u. d. Titel: Počvovedenie. Zemledelie so snovami počvovedenija. 1938; zit. n. V. R. VIL'JAMS 1949–1953, Bd. 6, 1951
VIL'JAMS, V. R.: Problema urožajnosti. Revolucija i kultura 1929, Nr. 8; zit. n. V. R. VIL'JAMS 1949–1953, Bd. 7, 1951, S. 50–63
VIL'JAMS, V. R.: Travopol'naja sistema zemledelija. (Arbeiten aus der Zeit von 1921–1938.) V. R. VIL'JAMS 1949–1953. Bd. 7, 1951
VIL'JAMS, V. R.: Sobranie sočinenija 1–12, Moskva, Gos. Izd. sel'skochozj. Lit., 1949–1953
VINOGRADOV, A. P.: Geochimija redkich i rassejannych chimičeskich ėlementov v počvach. Moskva, Izd. Akad. Nauk SSSR, 1950
VINOGRADOV, A. P.: Razvitie idej V. I. VERNADSKOGO. Počvovedenie 1963, Nr. 8, S. 1–10
VINOGRADSKIJ, S. N.: Mikrobiologija počvy. Problemy i metody. Pjat'desjat let issledovanij. Moskva, Izd. Akad. Nauk SSSR, 1952
VOLAROVIČ, M. P.; FINAŠINA, G. N.: BORIS VLADIMIROVIČ DERJAGIN. Moskva, Izd. Akad. Nauk SSSR, 1962
VOLOBUEV, V. R.: Ėkologija počv. Baku, Izd. Akad. Nauk Azerbajdž. SSR, 1963
VOLOBUEV, V. R.: Ob osnovach genetičeskoj klassifikacii počv. Počvovedenie 1964, Nr. 12, S. 1–15
VOLOVČENKO, I. P.: Ob intensifikacii sel'skochozjajstvennogo proizvodstva na osnove širokogo primenenija udobrenij, razvitija orošenija, kompleksnoj mechanisacii i vnedrenija dostiženij nauki i peredovogo opyta dlja bystrejšego uveličenija proizvodstva sel'skochozjajstvennoj produkcii. Pravda 1964, Nr. 42, 11. 2. 1964; dt. Übers. Presse d. Sowjetunion 1964, S. 411–438
VOROB'EV, G. I.; GORDINSKIJ, Ja. P.: Zemel'nye fondi SSSR i voprosy ich proizvoditel'nogo ispol'zovanija. Počvovedenie 1966, Nr. 11, S. 1–13
VYSOCKIJ, G. N.: Izbrannye trudy. Moskva, Gos. Izd. sel'skochozj. Lit., 1960
VYSOCKIJ, G. N.: Izbrannye sočinenija. 1 u. 2, Moskva, Izd. Akad. Nauk SSSR, 1962
WINOGRADOW, A. P.: Geochemie seltener und in Spuren vorhandener chemischer Elemente im Boden. Übers. v. N. ZIABKIN, Berlin, Akad.-Verl., 1954
ZAVALIŠIN A. A.; NADEŽDIN, B. V.: K izučeniju sovremennogo počvoobrazovanija na zapade russkoj ravniny. Sb. rabot central'n. Muzeja Počvovedenija im. DOKUČAEVA 2 (1957), S. 27–56

ZONN, S. V.: Vlijanie lesa na počvy. Moskva, Izd. Akad. Nauk, 1954
ZONN, S. V.: Otčet o dejatel'nosti kompleksnoj naučnoj ėkspedicii po voprosam polesaščitnogo lesorazvedenija za 1949–1952gg. Moskva, Izd. Akad. Nauk SSSR. 1955
ZONN, S. V.: Kratkij obzor itogov rabot po lesnomu počvovedeniju za 40 let. Počvovedenie 1957, Nr. 10, S. 16–32
ZONN, S. V.: Počvennaja vlaga i lesnye nasaždenija. Moskva, Izd. Akad. Nauk. SSSR, 1959
ZONN, S. V.: Principy klassifikacii lesnych počv i metody ich izučenija v SSSR. Počvovedenie 1963, Nr. 2, S. 1–6
ZONN, S. V.: V. N. SUKAČEV i ego rol' v razvitii biologičeskich i geografičeskich nauk. Počvovedenie 1965, Nr. 6, S. 1–6
ZONN, S. V.: Razvitie lenogo počvovedenija, ego dostiženija i dal'nejšie perspektivy. Počvovedenie 1967, Nr. 12, S. 1–11
ZONN, S. V.: Osobennosti počvoobrazovanija i glavnye tipy počv Kuby. In: Genezis i geografija počv zarubežnych stran po issledovanijam sovetskich geografov. Dokl. IX. meždunar. Kongr. Počvovedov., Moskva, Izd. „Nauka", 1968, S.53–152
O. A.: Rezoljucii konferencii. In: Zadači i metody počvennych issledovanij. Dokl. Vsesojuzn. Konf. 26.–27. 5. 1933 (statt 1932) goda. Tr. sovj. Sekcii mežd. Assoc. Počvovedov 2, Kommissija pjataja (genezis počv.) Nr. 1, Moskva-Leningrad, Selchozgiz, 1933
O. A.: Sovetskaja nauka o počve k XX. godovščina Velikoj Oktjabr'skoj socialističeskoj revolucii. Soviet Soil Science at the time of the twentieth anniversary of the Great October social Revolution. Počvovedenie 1937, N. 9, S. 1257–1264
O. A.: Iz materialov vtorogo plenuma sekcii agronomičeskoj chimii i chimisacii zemledelija VASCHNIL. Chimizacija socialist. Zemled. 1938, Nr. 1, S. 99–112
O. A.: Soveščanie pri počvennom institute im. V. V. Dokučaeva Akademii Nauk SSSR po krupnomasštabnomu kartirovaniju počv kolchozov i sovchozov. Počvovedenie 1939, Nr. 3, S. 109–110
O. A.: ALEKSANDR FEDOROVIČ TJULIN. 1885–1955. Počvovedenie 1956, Nr. 4, S. 97–98
O. A.: FEDOR EFREMOVIČ KOLJASEV. Počvovedenie 1959, Nr. 8, S. 120–121
O. A.: Akademik ABRAM FEDOROVIČ JOFFE. Bjull. naučn.-techn. Inform. agronom. Fizike Nr. 8–9, Leningrad, 1960, S. 3–7
O. A.: IVAN NIKOLAEVIČ ANTIPOV-KARATAEV. Počvovedenie 1965a, Nr. 9, S. 96–97
O. A.: K 70 letiju so dnja roždenija NIKODIMA ANTINOVIČA KAČINSKOGO. Počvovedenie 1965b, Nr. 3, S. 105–106

Anschrift des Verfassers:
Prof. Dr. rer. nat. Ernst EHWALD
Institut für Bodenkunde Eberswalde
der Deutschen Akademie der Landwirtschaftswissenschaften zu Berlin
13 Eberswalde, Schicklerstraße 3

FSC
www.fsc.org
MIX
Papier | Fördert gute Waldnutzung
FSC® C083411

Kolibri 360 GmbH
Ferdinand-Jühlke-Straße 7
99095 Erfurt, Deutschland
produktsicherheit@kolibri360.de